HOLZ-LEHMBAU REBELLEN

Oder der andere Weg zu
gesundem Bauen
fernab der Industrie

Mst. Hans Wegscheider
Dipl. Ing. Nadja Holzer, BSc.

Auflage Mai 2026

Verlagslabel: ONDALY
ISBN Softcover: 978-3-903660-15-1
ISBN Hardcover: 978-3-903660-16-8
ISBN E-Book: 978-3-903660-17-5
Impressum:
ONDALY GmbH
Mariahilfpark 2
6020 Innsbruck
connect@ondaly.com
www.ondaly.com

Umschlaggestaltung: Franziska Franke
Lektorat: Stevie Tagwerker

„Holzbau ist nicht gleich Holzbau –

und Natur ist nicht gleich Marketing."

- Nadja und Hans

INHALT

EINLEITUNG

„Ein Haus ist nicht Technik – es ist die dritte Haut des Menschen."

- Nadja

Es gibt einen Geruch, den man nicht vergisst: frisch geschlagenes Holz, irgendwo in den Tiroler Bergen, das Harz klebt an der Rinde und verbreitet seinen unverwechselbaren Duft. Und Lehm, der schwer in der Hand liegt, der sich warm anfühlt, der seit Jahrhunderten Häuser formt und Geschichten in sich trägt.

Das sind keine nostalgischen Bilder. Die alten Höfe aus Vollholz stehen noch, entstanden aus einem tiefen Verständnis dafür, wie Räume gebaut werden müssen, damit sie den Menschen dienen – im Einklang mit Klima, Natur und den vorhandenen Ressourcen.

Häuser, die nicht einfach errichtet wurden, sondern gewachsen sind. Aus Wissen, aus Erfahrung, aus einem feinen Gespür für das Wesentliche. Dieses Wissen hat die Zeit überdauert.

Es wurde weitergegeben, von Generation zu Generation, leise und selbstverständlich – und doch kraftvoll. Still, beständig, verwurzelt in der Natur und im Gespür für das Wesentliche. Dieses Wissen ist nicht verloren gegangen.

Aber es ist in den letzten Jahrzehnten in den Hintergrund gerückt, verdrängt von einer Bauindustrie, die den Hunger nach Natürlichkeit erkannt und schnell bedient hat, auf ihre eigene Weise.

Bauen ist schneller geworden, technischer, oft auch beliebiger. Und genau deshalb wächst in vielen Menschen wieder die Sehnsucht nach etwas Echtem. Nach Häusern, Räumen, Plätzen, die nicht nur funktionieren, sondern gut tun.

Genau hier knüpfen wir an. Holz ist heute überall. Auf Prospekten, in Stadtquartieren, in Imagekampagnen. Nachhaltig, gesund, natürlich – die Botschaft sitzt. Was dahintersteckt, ist eine andere Frage. Denn was heute unter dem Label „Holzbau" verkauft wird, ist in vielen Fällen ein Industrieprodukt: stark verleimt, beschichtet, optimiert für schnelle Verarbeitung und günstige Herstellung. Das Werbematerial erklärt nicht, wie der Rohstoff aufbereitet wurde.

Wenn Feuchtigkeit in eine verleimte Konstruktion eindringt – durch einen Leitungsschaden, ein undichtes Dach, irgendeinen der kleinen Unfälle, die im Leben eines Hauses passieren – dann kann ein in verschiedenen Richtungen verleimtes Holz nicht mehr von selbst austrocknen. Schädigungen arbeiten sich weiter, lange unsichtbar, bis ein ganzes Bauteil ersetzt werden muss statt einzelner Konstruktionselemente. Bei einer leimfreien oder einfachen schichtverleimten, damit meinen wir parallel verleimten, Konstruktion, bei der zwei Seiten offen bleiben, hat der betroffene Teil die Chance, von selbst oder mit Hilfe von Heizstrahlern wieder rasch trocken zu werden. Das ist kein technisches Detail am Rande – das ist der Kern des Unterschieds zwischen einer Bauweise, die Fehler verträgt, und einer, bei der sie sich festsetzen. Auf Baumessen kommen junge Zimmerer und erzählen von Schäden in Projekten, die sie gerade erlebt haben. Schäden, die bei leimfreiem oder gering schichtverleimten Holz in dem Maß vielleicht nicht entstanden wären. Wenn diese Erfahrungen weiterzählt werden, trifft der Ruf die ganze Branche – auch die Betriebe, die es richtig machen.

Hans und Nadja kommen viel herum, sitzen gerne zusammen und philosophieren über ihre Projekte. Im gemeinsamen Austausch kommen sie auf passende Lösungen und vor allem neue Denkansätze. So auch hier ...

„Hans, wenn wir beide mal ganz tief einatmen   tut uns ja auch gut, ab und zu“, sagt Nadja und grinst. „Und während wir ausatmen, uns wieder einmal genau da umschauen, wo wir gerade sind, dann stellen wir uns jedes Mal dieselbe Frage, was schon eine kleine Gewohnheit von uns ist: Wo sind wir gerade? Was umgibt uns da eigentlich?“

„Ja, absolut, Nadja“, sagt Hans. „Und es ist ein häufiges und superwichtiges Ritual, das wir da praktizieren.“

„Wir geben heute ja völlig selbstverständlich ein kleines Vermögen für atmungsaktive Funktionskleidung aus, oder?“

„Ja genau, diese ganz teuren Funktionsjacken.“

„Exakt! Wir wollen Jacken, die uns vor Regen schützen, aber gleichzeitig den Schweiß nach außen transportieren. Man sagt ja immer: Unsere Kleidung ist unsere zweite Haut.“

„Richtig!“, stimmt Hans zu.

„Aber wir verbringen fast 90 Prozent unseres Lebens in Gebäuden. Unser Haus, unsere Wohnung - das ist quasi unsere dritte Haut.“

„Ja!“ Hans stimmt erneut zu und nimmt einen Schluck von seinem Soda-Zitron.

„Und da drängt sich jetzt, wo wir hier in einem fremden Gebäude stehen, für mich eine echt fundamentale Frage auf: Tauscht diese dritte Haut eigentlich noch mit uns aus?“

„Wir haben unsere Gebäude in den letzten Jahrzehnten in eine Art von Plastikhüllen eingepackt. Versteh mich nicht falsch: Luftdicht muss ein Haus sein, sonst zieht die Innenluft die Feuchte in die Konstruktion. Aber luftdicht

und dampfdicht ist nicht dasselbe. Wenn die Feuchtigkeit nicht mehr als Wasserdampf durch die Wand kann, dann macht uns so ein Gebäude schleichend krank.“

„Und das alles in dem Glauben, Energie zu sparen.“

„Ja, ganz genau! Magst du einen Kaffee?“, fragt Hans.

„Ja, bitte gern. Und genau da liegt der grundlegende Irrtum: Luftdichtheit wird mit Dampfdichtheit in einen Topf geworfen. Das eine schließt das andere nicht aus, im Gegenteil – beides zusammen ist das Grundprinzip einer dauerhaften Holz-Lehm-Konstruktion. Das ist der Kern unseres heutigen Deep Dives, Hans, würde ich sagen – während unserer Kaffeepause hier in diesem neuen Stadtgebäude.“

„Die Mission hier ist eigentlich, dass wir noch Inhalte für unser erstes gemeinsames Buch durcharbeiten müssen.“

„Ja, Gottseidank schaffen wir es jetzt nach so vielen Jahren mit vielen zusammengetragenen Inhalten und Geschichten, Untersuchungen und Erklärungen der physikalischen Eigenschaften zweier der ältesten Baustoffe der Welt zu erzählen und zu informieren. Unbehandeltes Holz und reiner Lehm.“

„Exakt! Diese beiden Materialien besitzen nämlich schon diese überwältigende technologische Überlegenheit,

die wirklich viele moderne Industriematerialien komplett in den Schatten stellt.“

„Das ist schon verrückt, wie alt diese Baustoffe sind. Und wir beide nähern uns diesem Thema ja wirklich aus zwei völlig unterschiedlichen Richtungen.“

„Ja, stimmt, Nadja - aber doch ist es ein gemeinsamer Weg.“

„Ja, Hans, du hast in einer kleinen Werkstatt auf dem Grund deiner Eltern begonnen, und ich habe meinen Mund während meines Studiums verschlossen, weil es eine lange Zeit gedauert hat, bis Ökologie, Nachhaltigkeit und natürliches Bauen an den Universitäten und bei den Planern angekommen ist und Gehör bekommen hat.“

„Ja, Gottseidank. Das ist eine harte Geschichte, dass Ökologie lange in der Architektur uninteressant war.“

„Na ja, Hans - umso schöner, dass wir jetzt schon seit vielen Jahren mit gleichen Werten an unseren Projekten arbeiten dürfen.“

„Wahnsinn, oder?“

„Damals, Hans, als ich noch an der Uni war oder als Angestellte Architekturplanung gemacht habe, ging es in erster Linie um den egozentrischen Entwurf des Architekten. Brandneu auf den Markt gekommene Materialien der Bauindustrie sind direkt in neuen Bauvorhaben umgesetzt worden. Es war einfach Mode, die Grenzen des Möglichen mit all den Erzeugnissen auszuloten. Es war ein anderer Fokus und das Ego eines einzelnen Architekten war größer als jede Vorstellung von Effizienz, Wirtschaftlichkeit, Lebenszyklusplanung, Nachhaltigkeit oder Ökologie. Es war dann schon angenehm, mit den Jahren immer mehr Gleichdenkende getroffen zu haben und noch schöner ist, dass unsere Kunden uns über all die Jahrzehnte gefunden haben."

„Ja, Nadja – mittlerweile haben wir viele Projektgeschichten, wo ich jetzt wirklich glücklich darüber bin, dass wir sie endlich in ein Buch gepackt haben."

„Genau. Projektgeschichten haben wir einige gesammelt, aber auch Entwicklungen im Hausbau beleuchtet und für uns in Frage gestellt. Wie zum Beispiel das komplette Einpacken von Gebäuden außen mit Polystyrol und dicken Plastikfolien, mit dem Ziel, null Wärmeverlust zu erhalten."

„Wie wenn man einem Menschen einen Plastiksack über den Kopf zieht und den Körper in Folie wickelt."

„Drastisches Bild, Hans."

„Drastisch, ja. Aber man muss den Unterschied sehen. Luftdicht muss ein Holzbau sein. Sonst zieht warme Innenluft durch jede Fuge in die Konstruktion und

kondensiert dort, wo es kalt wird. Das Problem ist nicht die Luftdichtheit, sondern die Dampfsperre – das „Eingepackte“ mit Folien und Kunststoffen. Ein guter Holz-Lehmbau ist luftdicht und trotzdem diffusionsoffen. Da kann die Feuchtigkeit als Wasserdampf wieder raus.“

„Genau. Die ganze Feuchtigkeit, die wir beim Atmen, Kochen oder Duschen produzieren, kann durch diese Kunststoffhüllen physikalisch gar nicht mehr entweichen. Das Haus kondensiert im Prinzip von innen.“

„Und die bauliche Konsequenz ist völlig absurd, weil wir eine Hülle geschaffen haben, die nicht mehr diffusionsoffen ist. Sie nimmt keinen Wasserdampf auf und wir zwingen uns selbst dazu, komplett mechanische Wohnraumlüftungsanlagen einbauen zu müssen, um dies wieder auszugleichen.“

„Ja, wir brauchen buchstäblich Maschinen, die den Feuchte- und Luftaustausch übernehmen, weil das Gebäude selbst dazu nicht mehr fähig ist.“

„Tja! Im Gegenentwurf schaffen sind wir mittlerweile auf einem guten Weg: eine Art Symbiose von leimfreiem oder gering schichtverleimtem Vollholz und Naturlehm.“

„Ja, damit arbeiten wir am liebsten! Es ist wie ein perfektes Team. Holz übernimmt die tragende und aussteifende Struktur, und Lehm übernimmt die klimatische Speicherung und Regulierung. Und beides

zusammen funktioniert nach dem einfachen physikalischen Prinzip: Masse macht die Klasse!"

„Dein Spruch, Hans! Wir reden meist über viel Masse, einem hohen Anteil an Lehm."

„Genauer gesagt, wenn wir in Zentimetern sprechen, dann sind mir einfach die vier Zentimeter dicken Lehmplatten pro Wandseite, wenn möglich, immer das Ziel. Mit ein paar Millimetern Lehmputz veredelt, erhalten wir dann sehr viel reine thermische Masse, wobei wir ja schon oft Lösungen gefunden haben mit demselben Effekt, nur angepasster an die Situation vor Ort. Um sich das bildlich vorstellen zu können: Das ist im Grunde der Unterschied zwischen so einer, na ja, billigen Aluminiumpfanne und einer richtig schweren gusseisernen Pfanne."

„Genau - die Alupfanne wird in Sekunden auf dem Herd extrem heiß, aber sobald du die Platte ausschaltest, ist sie rasch wieder kalt."

„Genau, sie hat überhaupt keine Speicherkapazität!"

„Die massive Gusspfanne hingegen braucht etwas länger, um warm zu werden, aber sie speichert die thermische Energie und gibt sie noch Stunden später gleichmäßig ab."

„Die Lehmmasse an der Wand, in der Decke oder im Boden ist quasi unsere hochwertige architektonische Gusspfanne. So kann man sich das als Laie besser vorstellen. Und dann im Sommer, wenn die Sonne so richtig auf das Haus brennt, schützt diese Lehmmasse vor überschüssiger Hitze im Raum. Der Raum bleibt dadurch passiv kühl, ganz ohne Klimaanlage. Im Winter puffert der Lehm die Wärme der Heizung und strahlt sie langsam ab."

„Komm, Hans, lass uns von vorne lesen, was wir in unserem Buch schon alles zusammengetragen haben."

Hans, Holzbaumeister und Lehmbauexperte mit jahrzehntelanger Erfahrung und einem tiefen Verständnis für das Handwerk. Nadja, strategische Beraterin und Konzepterstellerin für nachhaltige Architektur, die durch ihre technische Ausbildung und das Masterstudium Architektur seit ihrer Jugend stetig in der Praxis stand und nicht auf Standardlösungen setzt. Getrennt voneinander, aber auch gemeinsam, begleiten sie Projekte, beraten, planen und bauen – für frühzeitige Weichenstellungen.

Dieses Buch ist kein klassisches Fachbuch. Es ist eine Einladung, das Bauen neu zu denken. Und vielleicht der erste Schritt auf dem Weg zu einem Objekt, das wirklich zu dir passt.

Drei weitere Stimmen kommen als Gastbeitragende hinzu. Anita Rauchdobler hat die Wegscheider Unternehmensgruppe von den Kinderschuhen an gemeinsam mit Hans aufgebaut und unterstützt, von der ersten Telefonzentrale im Kinderzimmer bis zum Holzlatten streichen, wenn es mal brennt. Sie erzählt vom Aufbau des Betriebes, dem Kontakt zu Kunden und dem Verständnis für mutige, innovative Schritte zwischen Arbeit und Überzeugung.

Michael Flach, Holzbau- und Tragwerksexperte, emeritierter Professor der Uni Innsbruck, der sich privat eines alten Bauernhofs in Tirol angenommen hat. Und Rainer Höck, ein Mensch mit Rückgrat, der mit seinem eigenen Malermeisterbetrieb klare Wege geht und in seiner vierzigjährigen Laufbahn keine Kompromisse macht, auch wenn ihn das manchmal einen Auftrag kostet.

Dieses Buch ist kein Werbekatalog und kein Manifest. Es sind Projektgeschichten, Einblicke und kurze Informationen mit Denkanstößen, was beim Bauen mit Holz und Lehm wirklich passiert und was überdacht werden kann – auf der Baustelle, im Material, im Alltag der Menschen, die darin wohnen. Wer wissen will, worauf es ankommt, findet hier mehr als einen Anfang.

TEIL 1

Zwei Wege, eine Überzeugung

KAPITEL 1

Zwei Kindheiten, ein Werkstoff

> *„Holz trägt. Lehm reguliert. Erst gemeinsam entsteht ein lebendiges Haus."*
>
> \- Hans

Die Treppe war schmal und steil, und jede Stufe knarrte. Ich war 15, hatte eine schwere lederne Werkzeugtasche um die Hüfte geschnallt und folgte Sepp nach oben in den Glockenturm des Stifts. Je höher wir stiegen, desto weniger Licht. Dann öffnete sich über uns der Dachstuhl – ein Geflecht aus massiven Balken, Verstrebungen, vertikalen Stehern, alles ohne eine einzige Metallschraube zusammengehalten.

Mein Geselle redete auf dem Weg nach oben, wie er immer redete. Er erklärte mir immer genau, was er so sah. Welche Holzverbindung welche Kraft aufnehmen kann. Wie man einen beschädigten Balken erkennt. Dann zeigte er auf eine Stelle hoch oben im Gebälk. Jemand hatte dort ein Loch gebohrt – für ein Kabel, von außen nach innen – und so kam immer wieder Wasser ins Gebäude herein.

„Das ist schönes regional geschlagenes Holz, was du da siehst, Hans", sagte er. *„Holz nimmt viel auf und kann viel*

regulieren – nur sollte bei einer Veränderung darauf geachtet werden, dass nichts anderes durch die Veränderung zu Schaden kommt.“

Ich hörte zu. Und ich merkte mir alles.

Der Pillberg und die Säge des Vaters

Hans

Ich bin am Pillberg aufgewachsen, oberhalb von Pill bei Schwaz, auf 1.100 Meter Seehöhe. Mein Vater hatte die einzige Säge weit und breit und einen richtigen Gewerbeschein, den er sich eigens in der Sägeschule in Salzburg geholt hatte. Das war damals keine Selbstverständlichkeit, und er war deswegen sehr angesehen am Pillberg.

Wir waren sechs Kinder, mein Zwillingsbruder und ich die Jüngsten. Schwere Maschinen, das wusste jedes Kind, waren kein Ort für die Kleinen. Also half ich der Mutter am Hof, im Stall, auf dem Feld. Erdäpfel aus dem Boden buddeln, Heu einbringen. Und wenn ich durfte, stand ich in der Nähe der Säge und schaute. Mein Blick blieb immer am Holz hängen.

Die Schule am Pillberg war klassengemischt, alle Kinder der Gegend zusammen bis zur neunten Klasse. Schon in dieser Zeit war mir klar, wo mein Weg hinführen sollte.

Nicht aus Ehrgeiz – es hat mich einfach nicht mehr losgelassen, dieses Material.

In meinen Lehrjahren bei einer Holzbaufirma im Tiroler Unterland hatte ich das Glück, bei reifen Gesellen zu lernen. Männer wie Sepp, die nicht nur zeigten, wie man etwas macht, sondern erklärten, warum. Wir restaurierten alte Klöster und Kirchen, arbeiteten an Dachstühlen, die seit Jahrhunderten hielten. Holzverbindungen ohne Metall, ohne Leim. Konstruktionen, die dem Klima vertrauten, weil sie aus demselben Klima stammten. Ich bin dankbar für diese Lehrmeister.

Nach der Gesellenprüfung stellte ich selbst erste Holzriegelwohnhäuser auf und führte Lehrlinge durch die Arbeitswoche. Ich beobachtete, wie das Holz damals mit Holz beplankt und mit Mineralfaserdämmung gefüllt wurde. Und ich fragte mich: Was wäre wohl ein natürlicher Baustoff, der das übernehmen könnte? Eine Frage, die mich nicht mehr losließ.

Irgendwann, nächtelang in Gedanken, begann ich, eine kleine Zimmerei auf den Garagen des elterlichen Hofes aufzubauen. Gerade so groß, dass ich drei Maschinen zur Holzverarbeitung reinstellen konnte. Anita, meine Lebensgefährtin – wir kannten uns schon aus der Schule – war von Anfang an dabei. Sie hat mich immer machen lassen, auch wenn manchmal die Frage im Raum stand, ob das alles sein müsse. Es musste sein.

Naturverbundenheit, Handwerk und Natur

Nadja

Ich bin in der Stadt aufgewachsen. Aber jedes Wochenende war ich in der Natur: auf Skiern, beim Wandern, Schnitzen, auf Almen weit über 1.000 Meter. Als Dreijährige noch am Seil meiner Oma, die Gruppenleiterin beim Alpenverein war. Normalerweise durfte man erst mit sechs Jahren in der Gruppe mitwandern, aber da meine Oma für mich die Verantwortung übernahm, bekam ich eine „Knickerbocker“ angezogen (das war eine übliche Wanderhose aus breitem Cord, mit seitlichen Schnallen auf Kniehöhe) und feste Lederwanderschuhe. Natürlich musste auch ich, wie jedes Alpenvereinskind, meinen eigenen Rucksack tragen. Bei mir schaute ein Murmeltierstofftier oben heraus und wanderte mit mir mit. Tirol bietet das einfach: Man muss nicht lange fahren, um im dichten Wald oder auf kargen Felsen zu stehen.

Zu Hause hatte ich meinen Papa, der mich immer auf die Baustelle mitnahm und mir viel über Handwerkskunst und Material beibrachte. Er war Techniker am Bau, Elektriker, ein Mann, dem die Hände nie stilllagen. Im Untergeschoss des Hauses richtete er mir früh einen eigenen Platz ein: eine kleine Werkstatt, eine Werkbank, ein Radio mit hölzernem Korpus. Es roch nach Schmiere, Arbeit und Holz. Ich liebte diesen Geruch.

Ich fing früh an, mit Hammer und Nagel zu experimentieren, kaum dass ich sie in den Händen tragen konnte. Der Bleistift und der Skizzenblock waren mein liebster Begleiter - mit neun Jahren zeichnete ich die ersten Werkzeichnungen von Möbeln, die ich umbauen oder neu bauen wollte. Alte Vollholzmöbel abschleifen, geraderücken, neu fixieren, mit Öl pflegen, zu neuen Objekten umfunktionieren: das war meine Welt. Mit meiner Mama zusammen, die ein Talent für Atmosphäre im architektonischen Raum hatte, philosophierten wir, wie ein Raum idealerweise gestaltet sein könnte - mit natürlichen Materialien, mit Flair, mit gebrauchten Stücken aus hochwertigen Materialien. Sie brachte mir als Erste bei, nachhaltig zu denken: wie man sparsam plant, wie man wertvolle Stücke erkennt und passend einsetzt, statt sie zu ersetzen.

Mein Papa zeigte mir, wie man Kabel abisoliert, Schalter tauscht, Elektrogeräte repariert statt wegzuwerfen, aus einfachen Holzbrettern einen Schrank bauen oder alte Holzmöbel abschleifen kann. Er nahm mich immer wieder mit auf seine Baustellen, lehrte mich viel über Chemikalien, die im Hochbau verwendet wurden, welche wann eingesetzt werden, wichtig oder überflüssig sind. Er ließ mich beim Arbeiten mit dem Schremmhammer helfen, Leerrohre versetzen und Kabel einziehen. Er besorgte mir sogar einen eigenen Blaumann (eine typische Arbeiterkleidung auf der Baustelle). Ach, war ich stolz als Kind. Nichts liebte ich mehr als die Baustellenluft, am liebsten da, wo frisches Holz geschnitten, Lehm verputzt oder einfach an etwas gearbeitet wurde.

Im Gymnasium wählte ich Technik als Schwerpunkt, danach die HTL in Innsbruck, Bereich Hochbau. In den Praxisjahren – im sogenannten Bauhof der Schule – arbeiteten wir wochenlang mit Ziegeln, Mörtel, Verputz, Gipskartonplatten. Lehrreich, keine Frage, vor allem wusste ich da, welche Baumaterialien mir gar nicht liegen. Aber wenn es nach wochenlanger Maurerarbeit zurück in die Holzwerkstätten ging, war ich glücklich. Der Duft von bearbeitetem Holz, Spänen, die durch den Raum flogen. Das war schon im Alter von 14 Jahren der richtige Ort für mich.

Meine erste richtige Baustelle als Praktikantin genoss ich mit Fahrten im Militär-Jeep und offenem Verdeck, heißer Luft, und einer weiblichen Bauleiterin einer großen Baufirma am Steuer – eine zierliche Frau mit einem Haarzopf und einer Schildkappe tief ins Gesicht gezogen, die auf die Baustelle ging, als gehörte ihr der Ort. Ich beobachtete sie. Wie bestimmt, aber wertschätzend sie mit den Professionisten sprach. Wie sie Schäden beurteilte und Lösungen fand, direkt vor Ort. Jeder Besuch auf einer Baustelle zeigte mir, was gute Planung im Vorfeld und ein angenehmes Miteinander ausmacht.

Und immer, wenn es um Materialwahl ging, fragte ich mich dasselbe: Wie ginge es anders, natürlicher, ehrlicher und gesünder? In all den Jahren, in denen ich als Angestellte in der Planung tätig war, freute ich mich über jede Möglichkeit, alle möglichen Materialien in die Entwürfe einzubauen und mitzubestimmen. In den ersten Jahren als Planerin hatte ich immer wieder spannende Projekte meiner damaligen Chefs mitgestalten dürfen. Viel unterschiedliches Material kennengelernt und durfte viel Natur in Häusern verbauen. Ich liebte es, Lösungen für schadstoffarmes Ausstatten von Räumen zu finden und mich regional umzuschauen, welche Qualitätsprodukte unser Land zur Verfügung stellte.

Hans und ich, zwei Menschen, die unterschiedlicher nicht sein könnten und trotzdem so gleich denkend und handelnd, aufgewachsen an komplett verschiedenen Orten. Wir beide wuchsen mit demselben Werkstoff auf, beide mit starkem Naturbezug und mit derselben Frage: Was kann ein Material, wenn man es sein lässt, was es ist? Diese Frage beschäftigte uns noch eine Weile. Unabhängig voneinander. Bis sich unsere Wege kreuzten.

KAPITEL 2

Zwei Wege, ein Vorhaben

„Regional zu bauen ist kein Trend, sondern die logischste Form von Qualität."

- Nadja

Ich stand auf der Baustelle, als mein Telefon klingelte. Der erste Schnee war früh gefallen in jenem Jahr, der Boden gefroren, die Luft eisig. Ich besuchte eine meiner Baustellen und hatte gerade nachgeschaut, wie weit die Zimmerer gekommen waren, da jetzt alle wichtigen Arbeiten abzuschließen waren, bevor der Winter beginnen würde. Ich stapfte noch durch den ersten frischen Schnee zurück zum Auto, als ich das Telefonat entgegennahm.

„Hans, ich bin die Nadja!"

„Ja, Hallo Nadja."

„Ich komme aus der Planung und arbeite seit vielen Jahren mit denselben Materialien wie du, bin aus Innsbruck. Und glaube, wir denken gleich - und ich wollte dich fragen, ob wir uns einmal kurz zusammen setzen könnten."

Ich war kurz still. Da ich mich gerne mit Menschen treffe, die sich auch mit ehrlichen Bauten beschäftigen, war ich jetzt neugierig geworden, weil mein Interesse, mich in meinem Fach weiterzuentwickeln, stetig stieg.

„Gerne! Wann passt es dir?“, sprach ich ins Telefon, während ich meinen damals noch handschriftlich geführten Terminkalender am Autodach aufliegend nach freien Zeitfenstern durchforstete.

Wo die Reise begann

Hans

Nach der Gesellenprüfung besuchte ich die Baupolierschule an der HTL Innsbruck, um selbstständiger arbeiten zu können. Jahrelang blieb ich dem Betrieb treu, bis der Inhaber in Pension ging und die Firma sich mangels Nachfolger auflöste. Es bot sich mir eine Landesstelle in Tirol an. Die sogenannte „Abteilung Tiefbau, Wegebau und Güterwege“. Was mich lockte, war der Sprengmeisterschein. Drei, vier Jahre lang fuhr ich in meinem VW Käfer durch Tirol, ordnete für den Wegebau Sprengungen an, verband Dynamitstangen mit fein säuberlicher Sorgfalt. Die Arbeit war interessant. Aber während ich mit Stein und Fels beschäftigt war, brodelte es woanders in mir: Holz. Leimfreies Holz. Ich war von der Idee gefesselt, richtig viel Lehm als Masse in die Häuser zu bringen. Im Bauprozess schneller zu sein und damit preislich zu besseren Konditionen und mit geringerem Zeitaufwand ohne lange Trocknungszeiten verarbeiten und einbringen zu können.

Diese Dinge beschäftigten mich und ließen mich nicht mehr los. Ich schaute mir bei jeder Gelegenheit die unterschiedlichsten Verarbeitungen von Lehm an, fuhr in andere Regionen, schaute, was andere machten - auch im Ausland war ich zu Besuch. In den verschiedenen Experimentierphasen scheiterte ich auch manchmal bei Versuchen, den wunderbaren Lehm in seine Form zu bringen. Aus Fehlern lernt man. Sie brachten mich weiter auf meinem Weg. Noch nicht als fertige Lösung, aber als Richtung: ein Material, das dem Holz als Struktur die Masse bringt, atmet, und dem Holz nichts wegnimmt.

Als mir in dieser Zeit mein Arbeitgeber die Pragmatisierung anbot, eine sichere Stelle bis zur Pension, damals begehrt wie kaum etwas anderes, kündigte ich. Die Kollegen waren geschockt. Für mich war es keine schwierige Entscheidung. Ich wollte bauen, endlich Holz-Lehm-Häuser bauen, nicht verwalten. 1992 errichtete ich am Elternhof am Pillberg über den Garagen eine kleine Zimmerei, anfangs für mich zum Arbeiten, später beschäftigte ich einen Mitarbeiter. An freien Tagen hatte ich nichts anderes im Sinne. 1997 realisierte ich dann endlich mein erstes, richtiges Holz-Lehm-Haus: ein Doppelhaus im Tiroler Unterland. Eine Familie hatte von mir gehört, war neugierig geworden, hatte mir vertraut.

Sie hatten sich schon eine Weile mit alternativen Baustoffen beschäftigt und gehört, dass es im Inntal einen Zimmerer gibt, der nicht nur mit Holz, sondern auch mit

Lehm arbeitet. Das Grundstück lag im freien Gelände, mit einem Stück Wald gleich nebenan, das ihnen ebenfalls gehörte. Sie haben das Bauholz selbst geschlägert. Ich habe einen Holzauszug erstellt - eine Liste mit den Querschnitten, die wir für die Konstruktion brauchten - und sie sind damit zum Säger gefahren. Das Holz, aus dem das Doppelhaus entstand, hatte ein paar Monate vorher noch als Baum auf dem Nachbargrundstück gestanden. Näher kann eine Lieferkette nicht sein.

Den Lehm haben wir damals aus Südtirol bezogen, von einem Anbieter, mit dem ich schon eine Weile zusammengearbeitet hatte. Als Trägermaterial dienten Schilfrohrmatten, auf die ich den Lehmputz aufgespritzt habe. Es war eine der ersten Konstruktionen, die ich in dieser Form umgesetzt habe, und ich habe in den Wochen auf der Baustelle viel gelernt. Worauf es ankommt, wenn der Putz halten soll. Wie sich das Material verhält, wenn die Sonne darauf scheint und wenn es wieder kühl wird. Was funktioniert und was nicht.

Dass das funktionieren würde, daran zweifelte ich nie. Ich hatte Vertrauen ins Material. Ich machte Versuche mit geringerem Wasserverbrauch, um eine bessere Lösung für eine weniger aufwändige Verarbeitung und um eine kürzere Trockenzeit zu bekommen. Die Antwort darauf entwickelte ich über die nächsten Jahre: Die Lehmplatte, die vorgefertigt geliefert und rasch verbaut werden konnte und bei der nur die letzten Millimeter an der Oberfläche frisch verputzt werden. Zuvor hatte ich zwar schon Lehm mit in meine Projekte einbezogen, ließ aber neben einer Stampflehmwand als Solisten den Lehmputz auf Schilfrohrmatten aufspritzen. Es ist für einzelne Fälle eine gute Variante gewesen, aber mit meinen Lehmbauplatten hatte ich dann doch die größere Freude.

„Holz und Lehm: wenn Material ein System bildet!“

- Hans

Berufspraxis und die Suche nach Gleichdenkenden

„Ich habe nicht nach Projekten gesucht. Ich habe nach Menschen gesucht, die meine Sprache sprechen - und Projekte sind daraus entstanden.“

- Nadja

Kurz nach meiner Matura an der technischen Schule begann ich zuerst, Berufspraxis zu sammeln. Die Statik war meine erste Anlaufstelle. Es war klar, dass ich mich mit natürlichen Materialien beschäftigen wollte, aber ich wusste, dass Wissen über die Statik ein Basiswissen sein sollte, und das hatte ich fast nur theoretisch im Unterricht gelernt. Nach dem Zeichnen von unzähligen Bewehrungsplänen und Detailplänen plante ich, endlich in der Hochbauplanung angekommen, viele Einfamilienhäuser, Büroobjekte, Wohnsiedlungen, öffentliche Bauten, Umbauten und Sanierungen. Ich stand als Bauleiterin auf der Baustelle, immer mit demselben Grundgedanken, ressourcenschonend, sparsam, effizient und überlegt Lösungen zu finden, manchmal auch schon ökologische.

Ökologisches Bauen war damals kein Mainstream. Wer sich ernsthaft um Wohngesundheit, natürliche Materialien und altbewährte Verarbeitungstechniken bemühte, musste damit rechnen, belächelt zu werden. Die Industrie gab andere Dinge vor. Ich verfolgte meinen Weg, ergänzte mein Wissen mit verschiedenen Zusatzausbildungen. So kam ich auch zu einer umfangreichen Ausbildung in fernöstlicher Gestaltungslehre, um mehr Verständnis für Material, Raumwirkung und dem Menschen im Kontext zu bekommen.

Bauen mit Verantwortung

Einige Wochen nach dem Telefonat trafen wir uns, Hans und ich. Ich hatte viele Fragen im Gepäck, Hans viel Sitzfleisch, wenn es um dieses Thema ging. Wir redeten direkt. Hans philosophierte mit mir darüber, wie er Lehm und leimfreies Holz zusammenbringt, wie die Lehmplatte funktioniert. Ich erzählte ihm von meinen Projekten und wie ich manches umgesetzt habe, und wir wussten nach kurzer Zeit, dass wir nicht viel austauschen mussten. Wir dachten ähnlich. Wir wussten beide, was dem anderen wichtig war.

Was folgte, war keine formelle Partnerschaft, kein Vertrag, keine Vereinbarung auf Papier. Wir bauten auf denselben Grundsätzen: leimfreies Holz, natürlicher Lehm, viele Naturmaterialien und schließlich viel Wohngesundheit. Ich brachte Planungs- und Konzeptkompetenz und Architekturblick, Hans brachte das professionelle Handwerk und die Materialkenntnis mit ein. Wir teilten Kunden, die dieselbe Sprache sprachen – Menschen, die vom ersten Entwurf an wissen wollten, was in ihren Wänden genau steckt.

Häuser sind keine Objekte – sie sind Teil des Kreislaufs

Hans hatte seinen Weg zu diesem Zeitpunkt schon gefunden. Das Doppelhaus war der Anfang – für eine Familie, die ihr eigenes Holz aus dem Wald neben ihrem Grundstück geschlägert hatte. Danach folgten weitere: ein Haus für eine Familie im Pitztal, die sich die Natur ins Schlafzimmer holen wollte. Eine denkmalgeschützte Schule mit alten dicken Steinmauern, die er mit Holz und Lehm erfolgreich von innen dämmte. Ein Kunde, der für sein Kind zu seinem bestehenden Stahlbetonhaus zubaute, zur Probe in den neu erbauten Holz-Lehm-

Räumen schlief und sich kurzerhand im Anschluss entschied, selbst dort einzuziehen - weil er dort nachts besser schlief.

Meine Projekte hatten viele Parallelen zu jenen von Hans, als wir uns noch nicht kannten. Einmal durfte ich einen Second-Hand-Schiffscontainer zu einem Wohlfühldomizil am See verarbeiten. Die Grundstruktur war der Container, aber auch hier wurde mit viel Naturmaterial im Innenbereich gearbeitet, damit ein solch kühler Container bewohnbar und auch wohnlich wird. Und eine Scheune, deren Besitzer einen Konzertraum darin träumte. Da lag die Herausforderung darin, das Dach anzuheben und den ganzen oberen, aus schönem alten Holzgebälk bestehenden Giebelbereich zu einem Konzertraum sensibel auszubauen. Viel des Bestands wurde belassen und selektiert mit Holz und Lehm adaptiert. Der Dachraum wurde hier mit viel Lehm unterm Dach ausgestattet, um die Hitze der Sonne draußen zu lassen und im Winter Masse für genug Wärmespeicherung für den angenehm beheizten Konzertraum zu schaffen. Das Budget dazu war überschaubar. Doch mit einem guten Konzept, Einsatz von echtem, regional verfügbarem Material und ein wenig Eigenarbeit der Objektbesitzer konnte ich ein Paket für sie schnüren. Projekte, die zeigten, dass natürliches Bauen weder Neubau noch großes Budget voraussetzt, sondern vor allem die richtige Materialwahl.

KAPITEL 3

Nachhaltigkeit beginnt mit einer Entscheidung

„Nachhaltigkeit war lange kein Thema – sondern ein Störfaktor."

- Nadja

Ich erinnere mich noch gut an die Beurteilungen während meines Studiums. Ich hatte ein Einfamilienhaus entworfen: mit Holz, ohne unnötige Haustechnik, angepasst an den Ort und die Himmelsrichtung. Der Energieverbrauch war gering, die Materialien sorgfältig ausgewählt, der Entwurf hatte eine innere Logik.

Die Betreuer schauten nach meiner kurzen Erklärung über den Entwurf, nickten und sagten: *„Ganz ordentlich. Aber das mit der Ökologie lassen wir hier weg. Das interessiert niemanden."*

Das war kein Ausrutscher. Das war die Grundhaltung, die über Jahre bestimmte, was an der Universität als relevant galt und was nicht. Ich habe trotzdem meine Entwürfe meist so aufgebaut, unabhängig davon, ob es gerade in Mode war oder nicht. Meinen Mitstudenten war es nicht so wichtig, auf Natürlichkeit zu setzen. Für mich hingegen war es einfach meine Richtung.

Ein leiser Anfang

Hans

Über das, was ich vorhatte, hab ich nicht viel geredet. Das gehört nicht zu mir. Wer anfängt zu erklären, bevor er etwas vorzuweisen hat, verliert sich leicht in Diskussionen, die ihn nicht weiterbringen. Also hab ich gebaut, ausprobiert, wieder gebaut.

Und trotzdem kamen die Reaktionen: von Kollegen, die den Kopf schüttelten, von Lieferanten, die fragten, warum ich mir das antue, von Leuten, die meinten, die Branche funktioniere nun mal so, wie sie funktioniere.

„Mit Lehm? Des funktioniert doch nit."

Das hab ich oft gehört. Die Industrie hatte in diesen Jahren klare Antworten auf alles. Auf fertige Systeme, standardisierte Lösungen und gut geschärfte Argumente. Wer dagegen mit leimfreiem Holz und handverarbeitetem Lehm ankam, war in vielen Augen entweder ein Nostalgiker oder jemand, der seinen Kunden unnötige Schwierigkeiten aufbürdete.

I hab mir dabei nix gedacht, außer dass ich wusste, wohin der Weg geht.

Es beginnt mit einer Entscheidung

Nadja

Rückblickend hätte ich mir bereits während meiner Ausbildung gewünscht, dass ökologische und nachhaltige Entwurfsansätze einen stärkeren Stellenwert einnehmen. Diese Feststellung ist keineswegs als Kritik an der Vielfalt und Innovationskraft der Architektur jener Zeit zu verstehen. Nein, im Gegenteil. Die Offenheit gegenüber neuen Materialien, das experimentelle Ausloten statischer Möglichkeiten und die Suche nach neuen gestalterischen Ausdrucksformen haben die Disziplin wesentlich vorangebracht. Diese Phasen waren wichtig, inspirierend und prägend.

Gleichzeitig wurde mir früh bewusst, dass auch andere Qualitäten ihren Platz brauchen, insbesondere jene, die sich mit Natürlichkeit, Ressourcenschonung und langfristiger Verträglichkeit auseinandersetzen. Heute zeigt sich klar, dass nachhaltiges Bauen keinen Verzicht bedeutet. Weder auf gestalterische Qualität noch auf architektonische Innovation oder zeitgemäße Ausdruckskraft. Im Gegenteil. Es erweitert den Entwurfsraum um eine zusätzliche, essenzielle Dimension.

In meinen frühen Jahren habe ich oft gezielt nach Gleichgesinnten gesucht. Menschen, die ähnliche Fragen stellten und vergleichbaren Werten folgten. Parallel dazu durfte ich bereits während des Studiums eigene

Entwürfe für Kunden entwickeln. Dabei wurde deutlich, dass das Bedürfnis nach gesunden, natürlichen und stimmigen Räumen schon damals vorhanden war, oft unausgesprochen, aber spürbar.

Diese Erfahrung hat mich nachhaltig geprägt. Sie war Antrieb und Bestätigung zugleich, diesen Weg konsequent weiterzugehen.

Anita Rauchdobler – Mitgestalterin des Erfolgs

Gastbeitrag

Manche Leute bezeichnen mich öfter als „Stille Kraft im Hintergrund“. Ich habe darüber nie nachgedacht. Hans und ich haben einfach getan. Ja, ich kannte den Hans schon aus der Schulzeit – wir sind beide am Pillberg aufgewachsen, neun Jahre dieselbe Schule. Wirklich kennengelernt habe ich ihn aber erst viel später, als er für meine Schwester einen Dachstuhl baute. Hans blieb zu dieser Zeit einmal beim Vorbeifahren bei meinem Haus stehen, weil ich im Freien Bretter gestrichen habe. Er konnte mich beim Vorbeifahren gut sehen, da mein Grundstück direkt neben der Straße lag. Tja, so fängt das manchmal an. Etwas später, als ich zusammen mit meinen Eltern und meinem Bruder baute, schlug mein Papa vor, wieder den „Otter“ zu holen. Das war der Hausname von Hans, um auch hier einen Dachstuhl bauen zu lassen.

Damals war er beim Land Tirol angestellt und hat nebenbei seine Zimmerei aufgebaut. Er ist immer wieder mit einer neuen Idee gekommen: Lehm, leimfreies Holz, gesundes Wohnen. Seine Freunde haben alle den Kopf geschüttelt. Ich habe ihn machen lassen. Das war der Unterschied. Manchmal sind Versuche in die Hosen gegangen, das gehört dazu. Aber aufgehört hat er nie, und ich habe nie ernsthaft daran gezweifelt, dass er das durchzieht.

Nach der Geburt unseres Sohnes bin ich langsam ins Unternehmen eingestiegen. Unser Büro war ja anfangs das Kinderzimmer – der Bub hat im kleinen Elternzimmer geschlafen. Angefangen haben wir überhaupt im Wohnzimmer: vier weiße Wände, ein geschenkter Holzofen, und das war die ganze Einrichtung. Ich habe regelmäßig den Kochlöffel beiseitegelegt, wenn das Telefon klingelte, jede Nummer aufgeschrieben, was die Kunden wollten, und es dann an Hans weitergegeben. Wir haben 20 Jahre in meiner Wohnung gelebt, weil Hans sein eigenes Haus auf einem Grundstück zehn Minuten entfernt in aller Ruhe fertigstellte – der Rohbau stand, die Fenster waren drin, aber es gab Wichtigeres zu tun. Mein Haus war dagegen schon fertig und deswegen blieben wir vorerst in meiner Wohnung, ohne Garten. Das war nicht so schlecht, da eine Wohnung immer schnell aufgeräumt war. Wir waren zufrieden so und unser zweites Baby war ja sowieso die Firma.

Dass aus dieser kleinen Zimmerei über den Garagen auf Hans seinem Elterngrundstück einmal ein Unternehmen werden würde, das weit über Tirol hinaus bekannt ist – das hätte ich damals nicht gedacht.

Anita Rauchdobler ist Unternehmerin und Mitgründerin der Wegscheider Unternehmensgruppe, Tirol.

Wertvolle Rückmeldungen

Hans

Die Bestätigung, dass der Weg stimmt, hab ich nicht aus Fachzeitschriften. Ich hab sie aus Anrufen bekommen, manchmal erst Jahre nach dem Bau.

Eine meiner Kundinnen hat mich angerufen, nachdem der Bau ihres Hauses im Raum Seefeld-Leutasch fertig war – auf 1.100 Meter Seehöhe. Es war Hochsommer, seit Tagen über 30 Grad draußen. Sie sagte, es sei innen angenehm mit dem vielen Lehm, ganz ohne Klimaanlage. Einige Wochen später rief sie bei einem extremen Kälteeinbruch, den es in Tirol von heute auf morgen geben kann, wieder an. Draußen acht bis zwölf Grad, nachts kalt. Innen sei es immer noch so angenehm. Sie meinte, sie spürten, wie das Haus mit dem Klima geht und irgendwie fühlten sie sich in den Räumen nicht wie „eingesperrt".

Ein Bauherr aus St. Johann hat mich zwei Jahre nach dem Bau angerufen. Er klang fast verlegen, als er anfing zu erklären. Seine Frau rauche stark, sagte er, das wisse ich ja, und er habe eigentlich immer darauf geachtet, dass sie das draußen tue. Nicht wegen des Geruchs allein, sondern weil er wollte, dass das Haus so bleibt, wie es übergeben wurde. Sauber, frisch, nach Holz und Lehm riechend. Aber dann probierte er etwas aus, nachdem er gelesen hatte, dass Lehm auch starke, ungewünschte Gerüche neutralisieren kann. *„Ich probier das jetzt aus"*. Er erlaubte seiner Frau zwei Tage lang bewusst drinnen zu rauchen – in den Räumen mit den schweren Lehmwänden, Zimmer für Zimmer. Was er mir sagen wollte: Nach dem Versuch und zwei Tagen war kein Nikotingeruch mehr in der Luft. Der Lehm hatte ihn einfach aufgenommen.

Ich hab ihm gesagt, dass mich das nicht überrasche. Aber gefreut hat es mich trotzdem, weil er sich die Mühe gemacht hat, es wirklich zu testen. Das ist kein Laborversuch, das ist gelebte Erfahrung. Genau das.

Und in Oberndorf hat mir ein Bauherr nach zwei Jahren ganz nebenbei gesagt: *„Hans, wenn ich duschen gehe in meinem Badezimmer, das kaum verfliest ist, sondern mit deinen Lehmplatten und dem Lehmputz ausgestattet ist, beschlägt sich kaum mein Spiegel, so angenehm."*

Das sind keine spektakulären Geschichten. Aber genau das sind die, die für mich zählen: wenn jemand merkt, dass das Haus ihm etwas gibt, das er vorher nicht kannte.

Entschlossenheit

„Ich hab mich nie bewusst für oder gegen etwas entschieden. Ich hab gebaut, was ich für richtig hielt, und mit Materialien, die mich ansprechen. Wer mich fragt, was mich immer wieder antreibt, dann sind es die Anrufe von zufriedenen Kunden, die mir ihre Erfahrungen in ihren Objekten schildern."

- Hans

„Was mich am meisten bestärkt hat, war weniger das Überwinden von Widerstand. Es waren die Momente, in denen Menschen erfahren haben, dass gutes Bauen und gesundes Wohnen keine Gegensätze sind. Wenn ich zum ersten Mal einen Raum aus Holz und Lehm betrete, passiert immer noch etwas mit mir, das ich schwer erklären kann. Das ist der Grund, warum ich diesen Weg weitergehe."

- Nadja

KAPITEL 4

Menschen, die unsere Sprache sprechen

> *„Ehrliche Materialien brauchen keine Marketinggeschichte - sie beweisen sich im Alltag."*
>
> \- Nadja

Der Professor und der Zimmerermeister

Hans

Ich bin früh in Berührung mit Professor Flach gekommen. Nicht durch eine offizielle Vermittlung, nicht über einen Vortrag, sondern durch eine Bekanntschaft, die sich über die Jahre hinweg aufgebaut hat. Er hatte damals den Lehrstuhl für Holzbau an der Universität Innsbruck übernommen, kam aus Bayern, hatte in Frankreich gearbeitet, und er brachte Überzeugungen mit, die sich mit meinen gedeckt haben: dass Holz in seinem Naturzustand schon das Höchste ist, was der Holzbau zu bieten hat. Nicht das verleimte, nicht das industriell bearbeitete. Das Holz, so wie es aus dem Baum kommt. Das haben wir beide schon gedacht, bevor wir es gemeinsam in ein Forschungsprojekt gegossen haben.

Die Verbindung ist enger geworden, als er einen Partner für ein wissenschaftliches Vorhaben gesucht hat. Er kannte die Einstellung unserer Firma, er wusste, wie wir bauen. Also hat er angerufen. So ist das Projekt BIGCONAIR entstanden - ein Forschungsprojekt gemeinsam mit der Technischen Universität Innsbruck, das die Auswirkungen von Baumaterialien auf die Innenraumluft und die Behaglichkeit untersucht hat.

Die Anlage war klar: Vier Container nebeneinander, jeder anders gebaut, alle unter denselben äußeren Bedingungen. Der erste aus Stahl als Referenz. Der zweite ebenfalls aus Stahl, aber nachträglich mit unseren Lehmplatten ausgekleidet. Der dritte in unserer Holz-Lehm-Konstruktion. Der vierte aus Brettsperrholz (BSP) - das sind kreuzweise geschichtete, miteinander verleimte Holzplatten, ein weit verbreitetes Produkt im modernen Holzbau. Dann haben wir gemessen: Temperatur, Luftfeuchtigkeit, Raumluftqualität, Behaglichkeit - über Monate, durch verschiedene Jahreszeiten.

Das Ergebnis hat bestätigt, was wir vorher schon vermutet haben: Die Holz-Lehm-Konstruktion und der mit Lehm nachgerüstete Stahlcontainer schnitten klar am besten ab. Lehm reguliert die Raumfeuchte auf eine Art, die kein technisches System vollständig ersetzen kann. Was mich besonders gefreut hat: Auch der nachgerüstete Container hat gut abgeschnitten. Das zeigt, dass Lehm auch im Bestand funktioniert, wenn man ihn richtig einsetzt. Ein wichtiges Ergebnis für Sanierungsprojekte.

Univ.-Prof. DDipl.-Ing. Michael Flach

Gastbeitrag

Wir kennen uns nun seit 23 Jahren. Als ich nach 23 Jahren in Bayern und 23 Jahren in Frankreich die Tiroler Holzszene betrat, um einen Lehrstuhl für Holzbau an der Universität Innsbruck aufzubauen, war ich bereits mit denselben Themen vorbelastet wie Hans. Bei Julius Natterer, meinem spirituellen Vater im Holzbau, hatte ich gelernt, dass Holz in seinem Naturzustand bereits das Höchste im Holzbau ist. Ich hatte auch schon vorher mit Martin Rauch in Frankreich gelernt, wie man Stampflehmböden selbst macht, und war von je her überzeugt, dass Holz- und Lehmbau zusammengehören.

Diesen lehmbeladenen Holzweg habe ich auch während meiner Forschungstätigkeit weiter bestritten - unter anderem in den Holz-Lehm-Containern, die von der Firma Wegscheider gefertigt wurden. Wir haben in ihnen wissenschaftliche Messungen zum Innenraumklima durchgeführt und damit belegt, was wir uns bereits erwartet hatten: In einem lehmverputzten Holzhaus lässt es sich gesund leben. Die Wissenschaft hat das Handwerk eingeholt.

Das hat auch meine eigene Entscheidung geprägt. Als ich einen alten Bauernhof in Trins im Gschnitztal saniert habe, war von Anfang an klar, dass Holz und Lehm die erste Geige spielen würden. Den Holzbau hat ein Tiroler

Zimmererbetrieb errichtet, die vorgefertigten Lehmplatten habe ich von Hans verwendet.

Während der Pandemie, als die Preise für Leimholz durch die Decke gingen, entwickelten Hans und ich zusammen Tragwerke, bei denen ein Tiroler Zimmerer mit massivem Holz aus dem nahe gelegenen Sägewerk ansprechende Bauten errichten kann, ohne auf Leimholz angewiesen zu sein. Im Sommer 2024 haben wir in nur einer Woche einen Balkenrost aus 12-mal-12-Zentimeter großen Massivholzquerschnitten errichtet, der einer Bemessungslast von 1,5 Tonnen pro Quadratmeter standhält.

Univ.-Prof. DDipl.-Ing. Michael Flach lehrte und forschte an nachhaltigen Holzbau- und Holz-Lehm-Bauweisen.

Der Holzpionier und Hans

Hans

Zu den Wegbegleitern, die meine Arbeit am stärksten geprägt haben, gehört einer, dessen Spuren in fast jedem unserer Massivholzhäuser zu finden sind. Begegnet sind wir uns über die Suche nach einem Material, das so sauber gefertigt wird, wie ich es einsetzen will.

Nicht nur der Holzriegelbau, dem ich seit jeher verbunden bin, prägt meine Arbeit – auch der Wunsch,

Massivholz in Verbindung mit Lehm konsequent weiterzudenken, hat mich auf die Suche nach einem starken und ehrlichen Partner geführt.

Mit Erwin Thoma, dem Gründer von Thoma Holz100 in Goldegg im Salzburger Land, verbindet mich weit mehr als eine berufliche Zusammenarbeit. Auf der Suche nach leimfreien Massivholzbausystemen bin ich auf Thoma gestoßen – daraus ist eine inzwischen jahrzehntelange Partnerschaft gewachsen. Sie ist geprägt von regelmäßigem fachlichem Austausch, gegenseitigem Vertrauen und dem gemeinsamen Anspruch, Bauen konsequent natürlich und zukunftsfähig zu denken.

Doch ein Haus aus Holz und Lehm lebt nicht allein vom Rohstoff – es lebt davon, dass jeder, der daran mitarbeitet, dieselben Maßstäbe anlegt, bis zur letzten Oberfläche.

Der Malermeister

Hans

Zu Rainer Höck, einem sehr belesenen und weit blickenden Menschen, bin ich über ein Projekt gekommen: die Sanierung eines denkmalgeschützten Gebäudes. Bei solchen Projekten brauchst du jemanden, der mit natürlichen Materialien wirklich umgehen kann, der mitdenkt, der die Denkmalbehörde kennt, der versteht, was Kalkfarben und Mineralputze tatsächlich bedeuten. Rainer Höck hat nicht nur diesen Ruf, er ist der richtige dafür.

Ein Wandaufbau aus natürlichen Materialien funktioniert nur, wenn er von Anfang bis Ende aus denselben Grundsätzen besteht. Wenn auf einen Lehmputz am Ende eine Dispersionsfarbe kommt, eine Farbe auf Kunststoffbasis, die alle Poren schließt, war der ganze Aufwand davor vergebens. Der Lehm kann keine Feuchtigkeit mehr aufnehmen, die Wand kann nicht mehr regulieren, das Raumklima leidet. Rainer Höck macht dabei nicht mit, auch wenn ihn das manchmal einen Auftrag kostet.

Mst. Rainer Höck

Gastbeitrag

Der letzte Millimeter entscheidet! Das sage ich seit über vierzig Jahren, und ich meine es ernst. Man kann im Lehmbau alles richtig machen mit dem richtigen Untergrund, der richtigen Holzfaserplatte, Hanfplatte, mit Lehmplatten, oder dem richtigen Putz.

Lehmputze und korrekte Lehm- oder Kalkfarben bleiben gemeinsam dampfdiffusionsoffen. Das ist Bauphysik. Aber das funktioniert nur, wenn alle Schichten demselben Prinzip folgen. Wenn Dispersionsfarben bzw. Produkte mit Kunststoffanteilen als letzte Schichten aufgetragen werden, verschließt sich zunehmend die Oberfläche. Solche Flächen werden schlechter klimatisch reguliert.

In der Branche wird dieses Thema verwässert. Viele Produkte haben Kunststoffanteile, auch da, wo man sie nicht vermuten würde. Es braucht keine Produkte mit Erdölzusätzen auf Lehmoberflächen. Das ist eine Frage der Haltung, nicht des Preises. Wer billig kauft, kauft zweimal - und der Bauherr zahlt es am Ende nicht mit Geld, sondern mit dem Raumklima, in dem er wohnt.

Mst. Rainer Höck ist Malermeister und Unternehmer in Tirol, Bundesinnungsausschussmitglied und Lehrbeauftragter an der Meisterschule. Er ist seit Jahrzehnten spezialisiert auf mineralische Farben, Kalkputze und natürliche Oberflächensysteme.

Gleichgesinnte finden

Nadja

Als ich noch als Angestellte gearbeitet habe, lagen mir Projekte auf dem Tisch, bei denen von Anfang an feststand, was verbaut werden würde. Konventionelle Materialien, querverleimte, kunststoffbeschichtete Holzprodukte, Lösungen von der Stange. Ich habe das ausgeführt, weil es mein Job war. Aber ich habe mich manchmal nicht wohlgefühlt. Das geht auch anders, dachte ich mir, aber, solange ich nicht selbst die Entscheidungen treffe, wird sich daran nichts ändern. In den Planungsprozessen im größeren Objektbau bleiben meist wenige Stunden übrig, wo sich der Verantwortliche damit wirklich auseinandersetzen kann. Schlussendlich zählt die gebaute und zu verkaufende Masse oder Exklusivität. Striktes Verfolgen eines roten Fadens der Nachhaltigkeit war lange Zeit kein interessantes Thema in der Baubranche. Der Kuchen des Gewinns muss aufgeteilt werden und jeder wollte das größte Stück davon und das so schnell wie möglich, mit dem geringsten Aufwand.

Jahr für Jahr lernte ich Kollegen kennen, die meine Orientierung teilten. Anita als sensible und wunderbare Geschäftsfrau, die unsere Ansichten untermauerte. Hans, dessen Wege sich immer wieder mit meinen kreuzten und der sich, wie auch ich und viele unserer Weggefährten, traute, neue Gefilde zu betreten.

Mutig und offen für Neues. Zusätzlich noch viel, viel mehr Menschen auf unseren Wegen, die uns bestärkt haben, diesen Weg weiterzugehen. Menschen, die sich gewünscht haben, dass sich in der Baubranche etwas tut.

Was ich dabei gelernt habe: Einen Gleichgesinnten erkennst du nicht daran, was er sagt, sondern daran, was er ablehnt - und welche Kompromisse er konsequent verweigert.

KAPITEL 5

Wenn Material und Mensch zusammenpassen

„Die Masse macht die Klasse - nicht die Technik."

- Hans

Nadja

Der Morgen im Oberland bricht sanft und mit den ersten Sonnenstrahlen über den Bergspitzen an. Schon lange, bevor die Sonne über die Föhren steigt, stehen die Zimmerer auf der Baustelle. Ihre Stimmen klingen gedämpft durch die klare, kühle Luft, während sie Werkzeug sortieren und den Duft von frisch geschnittenem Holz einatmen. Die Motorsäge singt ihr erstes Lied des Tages und hebt den Rhythmus der Arbeit an.

Dann, fast unbemerkt, biegt ein Auto auf das schmale Grundstück ein. Der Bauherr steigt aus, die Hände bepackt mit frisch gebackenem Apfelstrudel, noch warm, dazu Säfte und neue Kaffeebohnen. Er stellt alles auf eine Holzkiste, befüllt die Kaffeemaschine im Freien unter einem provisorischen Dach mit neuen Kaffeebohnen und lächelt. *„So, da ihr ja zusammen den Geist des neuen Hauses bildet und wir froh sind, dass ihr da seid, lasst es euch schmecken und sagt Bescheid, wenn ihr noch etwas benötigt!"*

Die Zimmerer danken und greifen zu. Einer klopft ihm freundschaftlich auf die Schulter. Mehr Worte braucht es nicht. Wahre Wertschätzung erkennt man daran, wie sie ausgesprochen und wie sie angenommen wird.

Die Männer wissen, was sie tun. Sie prüfen ihre Aufgaben, aber sie werfen immer wieder einen Blick auf die Teams nebenan, die sich abwechselnd auf der Baustelle zeigen. Auf einer guten Baustelle arbeitet niemand für sich allein. Jeder achtet auf das Vorankommen der anderen, auf Sicherheit, Ruhe und den nächsten Schritt, der gemeinsam sinnvoll wird.

Der Duft von Holzfasern legt sich über den Platz. Die vorgefertigten Holzelemente, die geduldig am Boden warten, werden nun Stück für Stück gehoben, geführt und befestigt. Das Wetter hält. Es sind keine Wolken in Sicht. Und doch, fast wie ein Talisman, liegt auf der Ladefläche eines Autos zur Sicherheit die große blaue Plane – schwer, robust, bereit. Falls doch Regen kommt und das Haus abgedeckt werden muss. Denn wer in den Alpen baut, weiß, dass der Himmel ein unberechenbarer Meister ist.

Das Erdgeschoss steht, die Decke ist gesetzt. Ein anderes Team arbeitet an der hölzernen Behelfsstiege. Als sie erstmals begehbar ist, geht der Bauherr hinauf. Die Zimmerer sehen ihm nach, denn es ist ein besonderer Moment. Der erste Schritt in einen Raum, der bisher nur

Plan war. Ein Schritt, der sich anfühlt wie der Übergang von einem Notizbuch in die Wirklichkeit oder wie das Betreten einer noch ungeschriebenen Seite, die ein Leben füllen wird.

Kurz danach rücken die Männer von der Nachbarbaustelle an, die Lehmverputzer. Sie starten ihre Arbeit hier. Ihre Maschine gluckert, schnurrt und gurgelt, als würde sie selbst miterzählen wollen. Die Männer schöpfen den feuchten Lehm, tragen ihn auf mit kräftigen, ruhigen Bewegungen. Ihre Hände benötigen keine schützenden Handschuhe, wie bei herkömmlichen Putzen, die die Haut angreifen. Lehm hat keinen ätzenden Geruch, verursacht kein Brennen in den Augen, man braucht keine Handschuhe, die den Tastsinn stumpf machen. Nur Erde und Wasser und das Gefühl, mit einem Material zu arbeiten, das dem Menschen wohlgesonnen ist.

Einer sagt, was alle wissen:

„Am Anfang konnten wir's ja gar nicht glauben. So angenehm ist das Arbeiten damit."

Seit Jahren sind sie nun dabei und produzieren wunderschön verputzte Lehmoberflächen in einem sehr guten Tempo. Und keiner möchte zurück zu anderen Materialien, mit denen verputzt wird.

Es riecht nach feuchtem Lehm und nach Wald. Die Bienen schwirren über die Baustelle, neugierige Nachbarn beobachten, schauen vorbei. Vom Waldrand hört man einen Specht sein Loch in den Baum klopfen. Neben dem Werkzeugplatz schimmert eine kleine Wasserlacke (eine kleine Pfütze) am Boden in der Sonne. Die Vögel trinken daraus. Sie müssen nichts fürchten; es gibt hier keine Schadstoffe, keine scharfen Reiniger. Nur Wasser, Erde, Holz - und etwas Schweiß von den fleißigen Arbeitern.

Gegen späten Vormittag fährt ein Pickup vor. Die Schindler sind da. Drei Männer steigen aus, tragen ihre spezielle Schindelhacke (dünnes Beil), Werkzeug, Gurte - und ein großes Radio. Sie nehmen ihren Platz am Gerüst ein, das seit Tagen ihr Arbeitsplatz ist. Sie setzen sich nebeneinander auf das Gerüst, in der Sonne, pfeifend, konzentriert, fast feierlich. Eine Hand hält die Zedernschindel, die andere führt die schmale Hacke, präzise und leicht schwingend. Jede Schindel wird, wie ein Stück Stoff an ein Kleidungsstück, sorgsam an die nächste gesetzt.

Reihe für Reihe wächst das Schindelkleid des Hauses von oben beginnend, rundherum, immer weiter nach unten, als würde man einem Tier ein schützendes Fell überstreifen. Der Duft der Zeder breitet sich aus. Ein

Duft, der Kraft schenkt, Aufmerksamkeit bündelt und den Atem tief werden lässt.

Dann wird es Zeit für eine wertvolle, kraftspendende Mittagspause. Die Lehmmaschine, die bis jetzt leise *dahingluggerte*, schweigt. Die Kappsäge steht still. Manche legen sich in die künftigen Räume, wo die warme Frühlingsluft durch die Fenster streicht. Einer schnitzt aus einem Holzstück eine kleine Figur für seine Tochter. Zwei andere sitzen auf einer Palette und lassen sich von der Sonne wärmen. Die Glocken der Kühe im Ohr, der Specht am Föhrenstamm, das Springen der Eichhörnchen von Ast zu Ast: alles trägt zur friedlichen Musik dieses Ortes bei.

Nach der Pause erscheint ein Auto, eine Frau steigt aus, mit Werkzeugkoffer in der Hand. *„Hallo, griaß eich! I bin hier für die elektrischen Installationen zuständig. I schau no schnell was! Meine Kollegen hob'n mi gschickt."*

Sie huscht hinein, justiert, bekommt noch eine wichtige Info von einem Zimmerer, nickt zufrieden und verabschiedet sich wieder. Teamarbeit über Gewerke hinweg – so selbstverständlich wie der Frühlingswind, der durchs Tal weht.

Am Nachmittag reden alle kurz über die kommende Firstfeier der benachbarten Baustelle. Sie freuen sich, dass sie auch eingeladen sind, hatten sie doch auch da hin und wieder ausgeholfen. Man erinnert sich an die letzte gemütliche Firstfeier im Außerfern. Es gab ein Tiroler Bier vom Fass, große Speckjausen-Platten und selbstgebackenen Kuchen der Hausbesitzer. Das ist Wertschätzung pur!

„I schreib glei der Bauherrin", sagt einer der Schindler. „A alkoholfreies Bier sollt's a geb'n. Du bringsch jo a poar Leit hoam, Sepp, oda?"

Es folgt ein Nicken vom Sepp. Es ist normal, füreinander mitzudenken.

Der Feierabend naht. Die Verputzer waschen ihre Hände im klaren Wasser. Ein letzter Blick auf die Lehmflächen. Alles bereit für den nächsten Tag. Die Flächen können jetzt trocken werden. Die Zimmerer räumen ihr Werkzeug zusammen, verstauen ihre Sicherheitsgurte, legen die Holzreste der gespaltenen Schindeln geordnet beiseite. Einer geht noch durch das Haus, prüft, ob alles sicher ist und zieht den Bauzaun zu.

Die Sonne scheint immer noch, etwas weniger stark als mittags. Ein sanftes, goldenes Licht füllt die offenen Räume. Der Lehm an den Wänden leuchtet wie warme Haut. Die Stille ist hier schon etwas Besonderes, hier auf 900 Metern Seehöhe, mit Blick runter ins Inntal.

An diesem Tag ist wieder etwas gewachsen. Nicht nur das Haus – auch das Gefühl, dass hier ein Ort entsteht, der eines Tages seine eigenen Geschichten erzählen wird.

Über Heimat und das Gefühl des Ankommens:

„Wo die Wälder rauschen und die Berge schweigen,

wo der Mensch im Einfachen das Große findet,

dort ist Heimat - nicht Ort, sondern Gefühl."

- Peter Rosegger

Was auf der Baustelle wirklich passiert

Hans

Im Raum Kitzbühel, im nordöstlichen Tirol inmitten der Kitzbüheler Alpen, haben wir einmal einen Neubau fertiggestellt. Zwei Tage später habe ich einen Anruf bekommen. Die Bauherren hörten ein Tropfen an der Decke, direkt über dem Bad. Ein Leitungsleck.

Ich konnte die Aufregung am Telefon hören. Sie wollten sofort handeln, die halbe Decke öffnen, schauen, was passiert war, den Schaden eingrenzen. Ich habe sie gebeten, zu warten.

Das war kein leichtes Bitten. Wenn Wasser tropft und man gerade ein neues Haus hat, will man nicht warten. Man will sehen. Man will sicher sein. Ich verstehe das. Aber ich kannte diese Konstruktion. Kein verleimtes Holz, man muss es nur arbeiten lassen.

Wir haben das Leck behoben und dann eine Woche lang nichts weiter getan. Nach einer kurzen Zeit haben wir an der Holzkonstruktion den Feuchtigkeitsgehalt gemessen. Die Feuchtigkeit im Holz war normal. Keine erhöhten Werte, kein Schaden, kein Eingriff notwendig. Das Holz hatte aufgenommen, was eingedrungen war, und es wieder abgegeben. So, wie es das tut, wenn man ihm den Raum dafür lässt.

In unserer Konstruktion gab es keinen Schaden, weil das Material so funktioniert, wie die Natur es vorgesehen hat. Das Holz konnte aufnehmen, was eindrang, und es wieder abgeben. Brettsperrholz, das industriell kreuz und quer verklebt und somit dich wäre, hätte das nicht gekonnt. Dort wäre die Feuchtigkeit eingesperrt worden und der Schaden erst viel später zutage getreten.

Was natürliche Materialien können, zeigt sich, wenn man ihnen den Raum lässt, den sie brauchen. Das braucht Vertrauen. Und manchmal eine Woche Geduld.

Die Bauherren haben mir danach nicht viel gesagt. Aber ich habe es in ihren Gesichtern gesehen. Die Erleichterung. Und dann etwas anderes - ein Vertrauen, das sich anders anfühlt als vor dem Anruf. Denn jetzt hatten sie nicht nur ein Haus aus natürlichen Materialien. Sie hatten erlebt, was das bedeutet.

Dieser Moment ist für mich einer der klarsten Beweise.

Geschichten aus der Praxis

Hans

Eine Frau kam zu mir mit einem ganz konkreten Wunsch. Die Decke in ihrem Badezimmer sollte erneuert werden. Das Bad war komplett verfliest - Boden, Wände, alles. Sie dachte an eine Holzdecke.

Ich habe ihr erklärt, warum das schwierig ist. In einem vollverfliesten Raum steigt der Wasserdampf direkt nach oben und kann nirgendwo absorbiert werden. Holz würde das auf Dauer nicht gut vertragen. Ich habe ihr stattdessen Lehmplatten vorgeschlagen. Lehm nimmt Feuchtigkeit auf und gibt sie wieder ab. Er reguliert, ohne dass man es merkt.

Sie war skeptisch, aber offen. Wir haben es schlussendlich mit den dicken Lehmplatten ausgeführt.

Monate später hat sie sich gemeldet. Der Dampf verschwinde einfach, sagte sie. Der Spiegel beschlage kaum in dem nur vier Quadratmeter großen Bad, man merke den Unterschied sofort.

Ein kleines Beispiel. Aber es zeigt, was möglich ist, auch ohne großen Umbau, ohne teure Technik, ohne Lüftungsanlage. Manchmal reicht die Decke.

Zwei Familien mit demselben Vorhaben - Bauen für mehrere Generationen, einen Gedanken, den wir Tiroler in jedem Fall, in ganz Österreich und als Europäer schon sehr stark in uns tragen. Beide Familien stammen aus der Wildschönau im Bezirk Kufstein, die jeweils vor über zwanzig Jahren bei uns gebaut hatten. Jetzt sind sie wiedergekommen. Beide Male mit ihren Kindern.

Wo die eine Familie im Örtchen „Söll" ein Doppelhaus für die nächste Generation bauen ließ, mit denselben Materialien wie damals aus Holz und Lehm, ließ sich die zweite Familie das Bestandshaus aus Ziegel mit einem Stiegenhaus angebaut um ein ganzes Geschoss in Holz-Lehm aufstocken. Drei Generationen unter einem Dach. Das ist hier üblich und auch gern gesehen.

Ich weiß nicht, was ein Planer oder Handwerker Schöneres erleben kann als das.

Ein Haus wie eine Umarmung

Nadja

Es war Jänner, als ich das erste Mal auf diesen Bauplatz gefahren bin. Rund tausend Meter Seehöhe im westlichen Tirol, mitten in der Natur, zwischen Bergen, Wald und nicht unweit zur bayrischen Grenze, zwischen Langlaufloipen, Pferden und einem Föhrenwald, der einen sofort beruhigt.

„Fährst du mit mir rauf?“, hab ich Hans gefragt. *„Schauen wir uns das gemeinsam an?“*

Die Familie ist offen für ein individuelles Architektenhaus, nachhaltig gedacht, nicht zu groß, aber mit viel Gefühl. Hans war sofort dabei, mit mir mitzufahren.

Als wir oben ankamen und aus dem Auto stiegen, knirschte das Eis unter unseren Schuhen. Es war kalt, richtig kalt, aber rund um uns lag ein Winterwunderland. Eine Pferdekutsche glitt langsam vorbei, mit ein paar Gästen, die eingepackt in Lammfellen auf der schmiedeeisernen Bank der Kutsche saßen. Rote Wangen, lachende Gesichter. Die Sonne schien, trotz der Kälte. Wir sind kurz stehen geblieben und haben einfach geschaut. Wir finden sie immer noch schön, diese typischen Tiroler Bilder. Daran kann man sich nicht sattsehen.

Das Grundstück ist flach, meist eher nicht so üblich in Tirol, wo es an beiden Seiten der Täler nach oben ins Gelände übergeht. Wir sind die Grenzen abgegangen, haben gespürt, wie sich der Ort anfühlt. Hier soll ein Einfamilienhaus entstehen: nicht zu groß, mit einem kleinen Büro, offenem Grundriss, aber mit der richtigen Dosis Privatheit. Auf einer Seite soll sich das Haus eher verschließen - dort steht ein Hotel. Zu den anderen Seiten hin darf es sich öffnen, Richtung Wald, Richtung Landschaft.

Ich habe Hans erzählt, was sich die Familie wünscht: Zwei Wohnebenen, dazu ein angeschlossenes Gebäude für Carport, Garage, Holzlager und Werkstatt. Und ganz wichtig - man soll zwischen den Bereichen trockenen Fußes wechseln können.

„Ach ja“, hab ich noch gesagt, *„sie haben drei Hunde und Hühner und Pferde im benachbarten Stall.“*

Die drei Hunde sollen gemeinsam mit der Familie viel Zeit auf der großen Terrasse verbringen können, einfach raus in den Garten, rein ins Leben.

Die Familie wollte keinen Keller. Eine klare ökologische Entscheidung. So wird das Haus ein Holz-Lehmbau, mit einer reduzierten Bodenplatte mit bescheidenem Grundriss. Weniger Material, weniger Eingriff. Offene Winkel über 90 Grad und ein Terrassenumgang um das ganze Haus war die Grundidee für diesen Entwurf, da sich solch offene Winkel wie Umarmungen im Raum anfühlen. Man fühlt sich willkommen und es herrscht ein angenehmes Raumklima, wenn die Familie ihren Alltag hier genießen möchte.

Während wir dort standen, habe ich Hans erzählt, dass ich mir den Grundriss im Kopf eigentlich schon zusammengesetzt hatte. Die Familie wünscht sich lehmfarbene Wände, sichtbare Balken an der Decke, einen Holzvergaser mit großem Pufferspeicher. Viele Bauern hier pflegen ihre Wälder und haben genügend Brennholz. Diese Heizungsart passt einfach zum Tiroler Alpenraum: technisch und emotional. Die Leute in der Familie mögen Holz. Sie mögen es, Holz in die Hand zu nehmen.

Damit sie die Scheiter nicht durchs ganze Haus tragen müssen, notierte ich eine seitliche Holzschütte, die durch das Öffnen des Fensters im Heizraum geöffnet werden kann und die Scheite so direkt neben den Ofen im Heizraum in eine Stahlbox rutschen. Praktisch, sauber, einfach. Die Familie wollte in ihrem Haus so unabhängig wie möglich heizen können.

Hans und ich haben über Materialien gesprochen, über Heizung, Wasser, Strom, Regenwassernutzung. Über Möglichkeiten und über das, was sich richtig anfühlt. Details hatten wir noch nicht alle im Kopf. Dafür haben wir gemeinsam den winterlichen Sonnenstand beobachtet. Wo geht sie auf? Hinter welchem Berg verschwindet sie?

Wo kommt im Sommer die Hitze her? Diese Momente mag ich, wenn etwas zu entstehen beginnt.

Wir fuhren zurück und nutzten im Auto die Zeit für das Ausloten verschiedener Vorstellungen. Andere Termine warteten heute noch, aber die Vorfreude war schon da. Die Eckpfeiler waren gesetzt und die Terminschiene betrachtet. Aus diesen Eckpfeilern entstanden langsam Räume.

Es werden in den Räumen Wände mit über 90 Grad zueinander stehen. Offen, einladend, gemütlich, warm. Mit gezielten Blicken in die Tiroler Landschaft und in den eigenen Garten. Verschlossener mit Privatsphäre auf der Seite, wo die Hotelgäste des gegenüberliegenden Biohotels auf ihr Haus blicken können, mit gezielt gesetzten Fenstern und Fenstergrößen für Licht, Sonne und Stimmung.

Das Vordach zur Terrasse, das rundherum verlaufen soll, soll vor sommerlicher Überhitzung im Raum schützen und den teuren Sonnenschutz ersparen. Die Lehmbauplatten unterm Dach halten im Winter die Wärme im Haus und schirmen im Sommer die Hitze ab. Die Dachflächen werden begrünt, im Garten kommt ausschließlich heimische Bepflanzung zum Einsatz. Ein lokaler Gärtner unterstützt mich bei der Auswahl, um dem hohen Anspruch auf gestalterische Vielfalt und Ästhetik in der Gartenbepflanzung gerecht zu werden. Es ist jedes Mal inspirierend für mich, mit Gärtnern zusammenzuarbeiten. Hier kann man die Philosophie eines Hauses gedanklich mit in den Garten tragen.

Wir lieben genau das. Menschen, die wissen, was sie wollen. Natur. Gesundheit. Ehrliche Räume.

Nach Abschluss solcher Projekte sind es die schönen Fotos als Erinnerung, die mich an solche Projekte erinnern. Zusammen mit all den kleinen Geschichten dazu, die ich erlebte.

KAPITEL 6

Die grüne Verpackung

„Wir bauen immer noch, um zu beeindrucken – nicht, um gut zu leben."

- Hans

Das Café ist warm, die Fenster sind geschlossen. Die Luft steht. Hans lehnt sich zurück, schaut kurz zur Seite, dann sagt er:

„Hier drinnen is die Luft trocken. I brauch glei an Schluck Wossa."

Nadja schmunzelt neben Hans sitzend, denn es ist ihr gemeinsames Thema, längst ein „Running Gag". In einem Lehmbau würde man die Luftfeuchtigkeit nicht diskutieren – man würde sie einfach spüren. Hier spürt man das Gegenteil davon.

Sie reden über Bauen, über Holz und Lehm, über Räume, die sich richtig anfühlen. Irgendwann kommt Hans auf eine Geschichte zu sprechen, die ihn noch immer beschäftigt.

„Ich habe vor längerer Zeit einem Kunden Lehmplatten geliefert. Ich ließ sie anliefern und traf mich vor Ort. Ich

dachte klarerweise an eine Konstruktion mit offenporigen Materialien, da ich Ihnen ja Lehmplatten auf ihre Baustelle bringen sollte. Und was sagen mir dort die Verarbeiter? 'Wir werden die Platten auf OSB-Platten schrauben.'"

Ich musste meinen Blick kurz nach unten richten, denn ich gab dazu nicht meine Zustimmung.

Sie wollten stark verleimte Holzwerkstoffplatten, also diffusionsgeschlossene Platten, mit den offenporigen Lehmplatten vereinen. Lehmplatten mit allen ideal regulierenden Eigenschaften. Darüber: eine Sperrschicht, die genau das verhindert, wofür der Lehm eingebaut wurde. Das Ergebnis funktioniert nicht mehr wie Lehm, wenn es so verarbeitet wird. Bei solchen Details ist es wichtig, einen Experten zu fragen, der Tipps geben kann, wie Lösungen hier aussehen könnten.

„Die Leute glauben, sie würden mit Holz bauen", sagt Nadja. „Dabei sind es stark verleimte Holzwerkstoffplatten. Alles wird versiegelt, verklebt, optimiert. Und verliert dabei genau das, was Holz ausmacht."

Hans bestätigt mit *„Tja, Holzbau ist halt nicht gleich Holzbau."* Beide wissen, wovon sie sprechen. Wenn man ein Ohr beim Professionisten, beim Kunden, beim Planer findet, dann ist schon der erste Schritt getan. Meist ist es ihnen nicht wirklich bewusst, weil oft schnelle Entscheidungen gefragt sind. Dann kommt er wieder einmal auf Samuel zu sprechen, einen Kunden, dessen Hausanbau vor ein paar Jahren durch Hans fertiggestellt wurde. Wir erzählen uns immer gern kleine Anekdoten von früheren Projekten. Es kann auch passieren, dass wir die Geschichten mehrmals erzählen. Anbau, Holz und Lehm, alles konsequent durchgezogen. Samuel schläft dort im neuen Teil des Hauses einfach viel besser. Räume erbaut und ausgestattet mit Holz, Lehm und weiteren natürlichen Materialien, eine hohe baubiologische Qualität, die sich im Wohlbefinden von Samuel widergespiegelt hat, schön!

Das ist nicht immer notwendig, es mit einem sichtbaren Zertifikat zu veranschaulichen, es ist schlussendlich das, was zählt.

Ein Haus : Resonanter Lebensraum – Ein ehrliches Gefüge

Was ist eigentlich ein „Resonanter Lebensraum“?

„Es ist ein ehrlicher, gesunder und verantwortungsvoller Lebensraum mit einer Beziehung zwischen Mensch und Umwelt. Für sich und auch für andere, die in Resonanz mit Mensch, Ort und Zeit stehen und dessen Material, Konstruktion und Gestaltung diese Haltung konsequent tragen. Lesbare Konstruktionen, innere Logik, kein Material-

kaschieren, als ehrliches Gefüge gebaut und somit eine „gebaute Haltung“ darstellt!“

- Nadja

„Richtig“ fühlen sich Räume oder fühlt sich ein Gebäude an, wenn jahrhundertealte Bauten, zum Beispiel aus vollem Holz, viele andere Bauweisen überdauerten, keine Lobby benötigten. Einfach nur dastehen und in sich stimmig sind.

„Eine einflussreiche Lobby verschob manchmal den Fokus weiter weg von Bauweisen, die sich über Generationen bewährt haben – hin zu neuartigen oder günstigeren Systemen, die oft schneller produziert, aber nicht zwingend besser waren. Dabei geriet manchmal Wissen in Vergessenheit, sich traditioneller Materialien, die regional zur Verfügung stehen, wie Holz und Lehm, Stroh oder Hanf, zu bedienen. Über Jahrhunderte weitergegeben, spüren wir ein immer wachsendes Verlangen unserer Gesprächspartner, dieses Erbe großflächiger freizulegen und anzuwenden. Wir stellen Fragen, denken im Jetzt und gehen unlautere Wege, um unsere Haltung weiterzutragen.“

- Nadja

Zwischen Kritik und Überzeugung

Hans

Ich hab nie viel erklärt, was ich vorhatte. Wer anfängt, sich für seinen Weg zu rechtfertigen, bevor er etwas vorzuweisen hat, verliert sich in Gesprächen, die ihn nicht weiterbringen. Also habe ich das gemacht, was ich immer schon machte. Ich habe weiter in meinem Stil gebaut.

Trotzdem kamen die Reaktionen. Manche Kollegen schüttelten den Kopf. Lieferanten fragten, warum ich mir das antue. Andere meinten, die Branche funktioniere nun mal so, wie sie funktioniere.

Was mich dabei am meisten beschäftigt hat, war nicht die Skepsis selbst. Skepsis ist legitim. Es war die Selbstverständlichkeit, mit der man bestimmte Materialien als 'normal' setzte und alles andere erklärungspflichtig machte. Wer mit Lehm und leimfreiem Holz baute, musste sich rechtfertigen.

Ich kann nur aus meiner Erfahrung sprechen. Das älteste Haus, das wir saniert haben, stand in Kitzbühel. Aus Lehm und Holz gebaut, vierhundert Jahre alt, und noch immer in einem Zustand, den man nicht für möglich hält. In diesem Alter wäre ein klassisches Fertighaus zehnmal abgerissen und neu aufgebaut worden. Die Lebensdauer dieser Häuser ist auf vierzig, fünfundvierzig Jahre ausgelegt, und das steht sogar irgendwo im Kleingedruckten. Manche lesen es nicht, manche denken, das gelte für die anderen. Es gilt für alle.

Die Branche hat das wachsende Interesse an einem „Zurück zur Natur“ sehr genau registriert und ihr Vokabular entsprechend angepasst. Nicht immer durch tatsächlich bessere Materialien, aber konsequent durch lautstarke Nachhaltigkeitsparolen. Plötzlich war vieles „Holz“ und „Natur“.

Zahlreiche Bausätze und Systeme wurden mit dem Etikett „natürlich“ versehen. Hersteller betonen seither verstärkt Nachhaltigkeit und Wohlbefinden. Das klingt überzeugend. Doch was steckt tatsächlich dahinter?

Holz ist nicht gleich Holz. Und ein Holzhaus ist nicht automatisch ein durch und durch ehrliches Holzhaus. Entscheidend ist, was sich im Inneren verbirgt: Welche Materialien werden verwendet? Was liegt zwischen den Schichten – und was darauf?

Genau hier beginnt die Verantwortung. Wer bewusst bauen möchte, sollte genauer hinschauen und die richtigen Fragen stellen.

Wenn Effizienz den Atem nimmt

Nadja

Es gab eine Phase, in der ein bestimmter Baustandard als nahezu universelle Lösung galt. Energiesparen, Zukunftsfähigkeit, technischer Fortschritt. Das Narrativ war klar und wurde breit getragen. Fördermodelle, politische Zielsetzungen und industrielle Entwicklungen griffen ineinander. Wer bauen wollte, bewegte sich automatisch in diesem System. Und wer Unterstützung suchte, hatte sich daran zu orientieren.

Hans und ich haben früh gespürt, dass dies für uns nicht stimmig ist.

Die Idee dahinter, den Energieverbrauch eines Gebäudes radikal zu senken, ist auf den ersten Blick schlüssig, ihn auf ein Minimum zu reduzieren und berechenbar zu machen. Ein klar definierter Kennwert, eine technische Zielgröße. Das ist nachvollziehbar und in seiner Intention auch richtig. Doch die entscheidende Frage liegt nicht im Ziel, sondern im Weg dorthin.

Um diese Werte zu erreichen, wurde das Gebäude zunehmend zu einem in sich abgeschlossenen System entwickelt. Hochgedämmte Hüllen, mehrschichtige Konstruktionen mit neuen umweltbelastenden Industrieprodukten, technische Anlagen zur Regulierung dessen, was früher selbstverständlich war. Luft, Feuchtigkeit, Temperatur werden gesteuert, überwacht und optimiert und meist als Standardlösung vertrieben.

Was dabei oft übersehen wird, ist, dass ein Haus kein statisches Objekt ist. Es ist ein System im Austausch mit seiner Umgebung, mit den Materialien und den Menschen, die darin leben.

Materialien wie Holz und Lehm reagieren auf ihre Umgebung. Sie nehmen Feuchtigkeit auf, geben sie wieder ab, sie regulieren, ohne dass immer ein technisches System eingreifen muss.

Frühere Bauweisen, auch hier bei uns in Tirol, hatten dafür ein erstaunlich klares Verständnis. Das waren keine nostalgischen Lösungen, sondern hochfunktionale Systeme, die über Generationen hinweg optimiert wurden. Sie haben nicht gegen die Natur gearbeitet, sondern mit ihr.

In der hochoptimierten Gebäudehülle hingegen wird dieser Austausch weitgehend unterbunden. Was nicht mehr natürlich funktioniert, muss technisch ersetzt werden. Plötzlich entsteht eine Abhängigkeit, die im Alltag spürbar wird.

Hans hat dafür ein Bild, das ich oft zitiere. Er sagt: *„Es ist, als würde man sich vollständig in Kunststoff hüllen. Man verliert kaum Wärme, aber irgendwann fehlt einem der*

Atem darin." Wenn ich ihn frage, wo genau das Problem liege, antwortet er knapp: *„Nicht in der Luftdichtheit – die brauchen wir. Es liegt in der Dampfsperre."*

Diese Unterscheidung ist im Holz-Lehmbau entscheidend. Sie ist auch in den geltenden Normen verankert: luftdichte Ebene plus diffusionsoffener Schichtaufbau. Beides zusammen, nicht das eine gegen das andere.

Was sich in den darauffolgenden Jahren gezeigt hat, war für viele überraschend. Gebäude, die auf dem Papier perfekt waren, entwickelten im Betrieb eine eigene Dynamik. Wartungsintensive Technik, steigende Instandhaltungskosten, Systeme, die Aufmerksamkeit und Disziplin verlangen. Das eingesparte Geld an einer Stelle taucht oft zeitverzögert, aber spürbar an anderer Stelle wieder auf.

Und dann müssen sich Bewohner dieser Häuser und Räumlichkeiten verunsichert fragen, ob sie ein Fenster öffnen dürfen oder nicht. Wenn eine einfache Handlung plötzlich im Widerspruch zu einem komplexen System steht an Orten, wo frische Luft draußen zur Verfügung stünde. Das sind keine Einzelfälle, sondern Hinweise darauf, dass etwas im Grundverständnis verschoben wurde.

Wir haben uns in dieser Zeit bewusst für einen anderen Weg entschieden. Für Gebäude, die weniger von Technik abhängig sind und mehr von ihrem inneren Aufbau leben. Wir lieben Technik, nur überlegt eingesetzte Technik! Für Konstruktionen, die mit Materialien arbeiten, die sich über Generationen bewährt haben, an heutige Designwünsche angepasst.

Heute gibt es viele Begriffe für diese Ansätze. Sie klingen modern, teilweise neu gedacht. Doch im Kern geht es um etwas sehr Einfaches: ein Gebäude zu schaffen, das sich im Lot befindet.

Wenn Grün eine Farbe ist

Nadja

Irgendwann hat die Branche erkannt, dass die Menschen Holz und Natur wollen. Die Reaktion war schnell und vorhersehbar. Wer etwas verkaufen wollte, hat es grün gemacht. Nicht unbedingt das Produkt selbst, aber das Bild davon.

Die Café-Szene am Beginn dieses Kapitels bringt das Problem auf den Punkt. Was aussieht wie Lehm, sich anfühlt wie Lehm, aber mit einer Sperrschicht beplankt ist, das ist das Bild für eine Branche, die begriffen hat, wie man Oberflächen gestaltet, ohne das dahinterliegende System zu kennen. Ganze Fassaden mit echt aussehender Holzschalung werden als Holzhaus vermarktet. Dahinter steckt dann doch manchmal statt eines Holzriegel- oder Vollholzbaus nur ein Metallständerwerk. Es lebe das „grüne" Gebäude.

Es entstehen Wohnbausiedlungen mit mehreren hundert Einheiten. Aufhänger: „Grüner" Holzbau. Was tatsächlich verbaut wird und was hinter den Fassaden steckt, das sind Fragen, die nicht laut gestellt werden.

Ein kleineres, aber bezeichnendes Beispiel: Kreidefarbe. Der Begriff klingt nach Natur, nach einem traditionellen Produkt. Sie werden so genannt, aber sind in Wirklichkeit Produkte mit Acrylfarbe versetzt, mischbeständig gemacht mit Polyurethan. Kein Naturprodukt - aber es wird Kreidefarbe genannt.

Es ist nicht die Täuschung allein, sondern die Verwirrung, die dadurch entsteht. Wer ein natürliches Haus bauen möchte, recherchiert, fragt nach, versucht, die richtigen Entscheidungen zu treffen und vertraut. Am Ende wohnt man in einem Haus, das von innen mit verleimten Platten verkleidet ist und dessen Wände mit Acrylfarbe versiegelt wurden. Nicht aus Böswilligkeit, sondern weil die Begriffe verwässert sind, weil auch oft das Wissen der Ausführenden fehlt, sie sich zu wenig damit beschäftigt haben und weil die Industrie mehr in Marketing investiert als in Materialehrlichkeit.

Dazu kommt, dass viele Förderprogramme nach Punktesystemen funktionieren, bei denen es mehr darum geht, bestimmte Begriffe zu erfüllen, als tatsächlich nachhaltig zu bauen. Ein Gebäude mit einigen Grünpflanzen an der Fassade, konventionell mit einem hohen technischen Aufwand errichtet, kann in einer Nachhaltigkeitsbewertung vielleicht besser abschneiden trotz wartungsintensivem Bewässerungs- und Betreuungssystem. Wer die Regeln kennt, kann sie bedienen, ohne den Gedanken dahinter ernst zu nehmen.

TEIL 2

Technik und Natürlichkeit – Ein Bauprinzip im Konflikt?

KAPITEL 7
Haus, Maschine oder Baukultur?

Was wir heute entscheiden, wirkt über Generationen weiter.

- Nadja

Das Haus als dritte Haut

Hans sagt das schon seit Jahren, und je länger wir bauen, desto mehr können wir es unterstreichen: „Das Haus ist die dritte Haut des Menschen." Die erste Haut ist die eigene, die zweite die Kleidung. Die dritte umgibt uns für Jahrzehnte, manchmal für ein ganzes Leben. Sie prägt, wie wir schlafen, wie viel Energie wir haben, wie schnell wir uns erholen. Wer diese dritte Haut aus Materialien baut, die mit dem Körper und dem Klima in Widerspruch stehen, der baut gegen den Menschen.

Das klingt provokant, und das soll es auch. Denn in der Baubranche hat sich über Jahrzehnte eine Praxis durchgesetzt, in der das Haus in erster Linie als technisches System verstanden wird: kontrolliert und optimiert. Der Mensch darin soll sich anpassen. Er soll nicht mehr Fenster und Türen öffnen, wenn es ihm zu warm ist, weil das die Lüftungsbilanz stört. Alles soll geschlossen bleiben, auch wenn es die Gegebenheiten erlauben würden, da saubere Umgebungsluft existiert.

Für uns beginnt gutes Bauen mit einer einfachen Frage: „Was braucht der Mensch, der hier leben oder arbeiten wird?“, nicht „Was schreibt die Norm vor?“, nicht „Was rechnet sich am schnellsten ab?“, sondern „Wie muss dieser Raum beschaffen sein, damit sich jemand darin wohlfühlt?“

Die Antwort auf diese Frage hat sich in Jahrtausenden Baugeschichte herauskristallisiert. Sie heißt „Schaffe eine natürliche Umgebung, so weit wie möglich!“

Regionalität

Wenn wir von regionalen Materialien sprechen, ist das kein Rückwärtsblick. Es ist eine nüchterne Rechnung. Holz, das sieben oder acht Kilometer vom Sägewerk entfernt gewachsen ist, kommt nicht aus Übersee. Es hat keinen langen Transportweg hinter sich, es ist an dieses Klima, an diese Höhenlage, an diese Wetterextreme gewöhnt. Fichte, Lärche, Tanne, Zirbe, Kiefer, Buche und Eiche – das sind unsere heimischen Holzarten im Tiroler Alpenraum. Sie müssen extreme Schneelasten und Temperaturschwankungen von vierzig Grad zwischen Sommer und Winter aushalten. So wird ein Holz geformt, das dicht und belastbar ist.

Österreich bewirtschaftet seine Wälder nachhaltig – das ist keine Marketingaussage, sondern eine gesetzliche Pflicht. Wer hier Holz entnimmt, muss dafür sorgen, dass es nachwächst. Das bedeutet: Jeder Holzbau bindet

CO_2, das der Baum über Jahrzehnte gespeichert hat. Jede regionale Lieferung ersetzt einen langen Transport. Jeder Handwerker, der in der Nähe seines Materials arbeitet, stärkt die lokale Wertschöpfungskette – vom Waldarbeiter über den Säger bis zum Zimmerer.

Dasselbe gilt für Lehm. Lehm ist buchstäblich unter uns. Er wird nicht aufwendig hergestellt, er wird abgebaut. Wo immer gebaut wird, kommt er aus der Erde, oft von sehr nahen Abbaugebieten. Er muss nicht chemisch verändert werden, um zu funktionieren. Er ist seit dem Beginn des Hausbaus ein verlässlicher Werkstoff – und er ist vollständig rückführbar. Was einmal als Lehmwand verbaut wurde, lässt sich am Ende des Gebäudelebens wieder zur Erde machen.

Regionalität bedeutet für uns außerdem: Wir kennen unsere Lieferanten. Wir wissen, aus welchem Wald das Holz kommt, wie es getrocknet wurde, wie es gelagert wurde. Wer seine Lieferanten kennt, weiß auch, was er verbaut, und das ist am Ende das beste Qualitätsmerkmal.

Warum Holz und Lehm zusammengehören

Die häufigste Frage, die wir auf den Ausstellermessen hören: *„Warum nehmt ihr Lehm? Ist Holz nicht genug?“* Die Antwort ist so alt wie der Hausbau selbst: Holz und Lehm sind zwei Teile eines Systems. Holz trägt, Lehm reguliert. Erst zusammen ergeben sie ein funktionierendes

System, das über Jahreszeiten hinweg stabil funktioniert.

Manch Unternehmer kommt mit Argumenten wie: Holz hat weniger thermische Masse. Das stimmt! Durch einen sorgfältig abgestimmten Schichtaufbau aus Holz und diffusionsoffenen, natürlichen Materialien entsteht eine wirksame Speichermasse erst im Zusammenspiel der einzelnen Baustoffe - nicht im Material allein. So tritt der Holz-Lehmbau in einen kontinuierlichen Austausch mit seiner Umgebung, gleicht Temperaturschwankungen aus und entwickelt ein ausgeglichenes, anpassungsfähiges Raumklima.

Hans bringt es auf eine Formel, die er immer wieder verwendet: *Die Masse macht die Klasse.* Vier Zentimeter Lehmplatten plus ein Zentimeter Lehmputz zum Beispiel auf beiden Seiten einer Innenwand ergeben zehn Zentimeter reine Lehmmasse. Dazu kommt die Lehmplatte im Dach, die als ruhende Schicht gegen sommerliche Überhitzung wirkt. Diese Masse nimmt Wärme auf, wenn es draußen heiß ist, und gibt sie ab, wenn es abkühlt. Sie nimmt Feuchtigkeit auf, wenn die Luft zu feucht wird, und gibt sie ab, wenn die Luft zu trocken ist. Das passiert still und automatisch, ohne Technik, ohne Wartungsvertrag.

Im Sommer bedeutet das: Ein gut geplanter Holz-Lehmbau bleibt kühl, ohne Klimaanlage. Die Lehmschichten dämpfen die Hitze des Tages, die Holzkonstruktion lässt nachts Abkühlung zu. Im Winter speichert die Lehmmasse die Strahlungswärme der Heizung und gibt sie gleichmäßig wieder ab wie ein Kachelofen, der nicht aus Keramik, sondern aus der Wand selbst gebaut ist. Wer einmal in solchen Räumen gelebt hat, kennt das Gefühl. Keine trockene Heizungsluft, kein Zuggefühl, keine Schleimhautreizung morgens beim Aufwachen.

Dazu kommt die Kombination aus Holzstruktur und Lehmmasse im Schallschutz. Schwere Bauteile dämpfen Schall. Lehm ist schwer. Die Holzkonstruktion federt Schwingungen ab, der Lehm absorbiert sie. Das ist in der Stadt besonders spürbar: Trittschall von oben, Straßenlärm, feine Vibrationen aus der Umgebung – sie werden merklich gedämpft. Viele unserer Kunden beschreiben nach einem Umbau in Holz-Lehm-Bauweise dasselbe. Der Raum ist stiller geworden. Ruhiger.

Wärme

Es gibt ein Projekt, das zeigt, wohin diese Überlegungen führen können, wenn man sie konsequent zu Ende denkt. Hans war zu einer Besprechung für die Aufstockung eines Hotels in Tirol. Die Ausgangslage war klassisch: Wellnessbereich, verschiedene Zonen von der Schneekammer bis zum Ruheraum, jeder Raum mit anderen klimatischen Anforderungen.

Ein Lüftungsfachmann hatte ein Angebot gelegt: ein extrem hoher Eurobetrag nur für die Lüftung, achtfacher Luftwechsel nach Norm.

Der Bauherr wollte das nicht. Er wollte weg vom Standard, weg von zu viel an Technik. Gemeinsam mit einem Lüftungsfachmann, den ein Holz-Massivholzbauer aus Österreich empfohlen hatte, wurde eine andere Lösung entwickelt, mit einem natürlichen Kamineffekt über den bestehenden Aufzugschacht, der genug Höhenunterschied bot, um Luft passiv zirkulieren zu lassen. Für die Verteilung in den Räumen reicht ein einfacher Deckenventilator, der nicht als Lüftungsanlage gilt, sondern als mechanische Unterstützung des natürlichen Zugs.

Und die Heizung? Der Bauherr hatte seine eigene Lösung mit zwei Öfen.

Zwei Öfen, offen, als einzige Wärmequelle für den gesamten Wellnessbereich. Das klingt radikal. Es ist aber zunächst einmal Physik: Offenes Feuer wärmt über Strahlung und über die Masse, die es aufheizt. Ein Kachelofen oder ein Lehmkamin, der abends befüllt wird, gibt die gespeicherte Wärme über Nacht gleichmäßig ab.

Diese Geschichte erzählen wir nicht, weil wir meinen, dass jedes Haus so gebaut werden sollte. Wir erzählen sie, weil sie zeigt, was möglich ist, wenn man aufhört, nur die Norm als Denkrahmen zu akzeptieren. Ein Kachelofen, ein Lehmkamin, eine massive Wand, die Wärme gespeichert hat, sie geben Wärme auf eine Art ab, die der menschliche Körper seit Jahrtausenden kennt und als angenehm empfindet. Das ist Physiologie, keine Romantik.

Einheit aus Ökologie, Funktion und Schönheit

Nachhaltiges Bauen hat vielleicht ein Imageproblem. Es gilt bei vielen als das Bauen des Verzichts. Sie denken an kleinere Häuser, einfachere Details und weniger Möglichkeiten. Dieses Bild ist falsch. Was wegfällt, wenn man konsequent in Holz und Lehm baut, ist nicht Qualität. Es ist das, was man vielleicht gar nicht braucht oder auch alternativ lösen kann.

Nadja beschreibt es so: Wenn eine Kundin sagt, sie möchte unverleimtes Holz mit Stroh, Lehm und Holzfasern, und sie möchte wissen, was sie umgibt, dann beginnt ein Projekt mit einem inhaltlichen Auftrag. Es ist eines, bei dem konsequent nachhaltig planen zuerst einmal bedeutet, ein klein wenig langsamer zu werden. Langsamer, weil man anfangs etwas genauer hinschauen muss. Man kann nicht einfach vorgefertigte Details übertragen und sich nicht hinter Systemaufbauten verstecken.

Wenn du barfuß über einen Boden gehst, der nicht mit Lack versiegelt ist, wenn die Luft in einem Raum frisch wirkt und sich das angenehme Raumklima durch ausgesuchte Wand- und Deckenoberflächen erklären lässt, dann ist es das Zusammenspiel von bestimmten ausgesuchten Materialien, die regulieren. Holz und Lehm wirken antibakteriell, antistatisch und feuchtigkeitsregulierend. Staub bleibt weniger lang in der Luft. Schleimhäute trocknen nicht aus. Schadstoffe werden gebunden.

Gleichzeitig ist da eine gestalterische Freiheit, die oft unterschätzt wird. Lehm lässt sich formen. Holz lässt sich fügen, biegen, schichten, in Kurven bringen. Was aus Holz und Lehm entsteht, muss nicht aussehen wie ein Bauernhaus aus dem vorigen Jahrhundert. Es kann offen, zeitgemäß und modern sein. In einem gut geplanten Holz-Lehmbau können Ökologie und Schönheit dasselbe sein.

Kreislaufwirtschaft – Rückbau beginnt im Entwurf

Kreislaufwirtschaft ist ein Begriff, der in der Baubranche gerade Mode geworden ist. Das klingt gut. Denn ein Gebäude, das als "nachhaltig" zertifiziert wurde, aber mit großem Aufwand instand gehalten werden muss, nicht in seine Bestandteile zerlegt werden kann oder sehr wartungsintensiv ist, hat eine Zertifizierung vielleicht doch nicht so verdient.

Kreislaufwirtschaft im Bauen bedeutet für uns etwas Konkretes: Jedes Bauteil, das wir einsetzen, soll langlebig, einzeln tauschbar und am Ende des Gebäudelebens vollständig verwert- oder rückführbar sein. Das ist mit Holz und Lehm möglich, und zwar ohne großen Zusatzaufwand, weil es der Bauweise innewohnt.

Hans zeigt das gern an einem Beispiel: Bei einem Gebäude wurde bei Gartenarbeiten die Außenverkleidung beschädigt. Unten an der Schwelle war über Jahre etwas Wasser eingedrungen. Das Ergebnis: drei, vier morsche, verrottete Bretter. Sie wurden entfernt, das darunter liegende Holz war in einwandfreiem Zustand, die Schwelle wurde neu eingebaut. Alle Reparaturarbeiten zusammen dauerten nur eine halbe Arbeitswoche. Hätte dieselbe Feuchtigkeit eine verleimte Brettsperrholzplatte betroffen, wäre die Lösung eine andere gewesen: Große Teile hätte man herausschneiden müssen, eine neue Statik hätte nachgewiesen werden müssen, es wäre wahrscheinlich mit teuren Stahllaschen verstärkt worden, weil man das Ganze nicht in Einzelteilen reparieren hätte können.

Diese Konstruktion kennt keinen einzelnen schadhaften Bereich. Sie kennt nur sich selbst als Ganzes.

Hans

Aus holzbautechnischer Sicht ist voranzustellen, dass verklebte Holzprodukte gezielt und mit Augenmaß einzusetzen sind – nämlich dort, wo sie konstruktiv oder statisch unabdingbar sind. Ein pauschaler oder systematischer Einsatz ohne Notwendigkeit ist aus Sicht der Dauerhaftigkeit und Bauphysik kritisch zu hinterfragen.

Der Einsatz von Verklebungen ist heute Stand der Technik und in vielen Anwendungen unverzichtbar – insbesondere bei hoch beanspruchten oder geometrisch optimierten Tragwerken. Ein klassisches Beispiel ist der Brettschichtholzträger (BSH / Leimbinder): Dieser besteht aus schichtweise parallel verleimten Lamellen und weist in der Regel offene Querschnittsflanken auf. Dadurch bleibt die Diffusionsfähigkeit in Querrichtung erhalten. Wird Feuchtigkeit eingetragen, kann diese – abhängig von Expositionsdauer und Randbedingungen – vergleichsweise gut wieder austreten, entweder über natürliche Austrocknung (Konvektion/Diffusion) oder unterstützend durch technische Trocknung.

Demgegenüber verhält sich Brettsperrholz (BSP / CLT) bauphysikalisch deutlich anders. Durch die kreuzweise, flächige Verklebung mehrerer Vollholzlagen entsteht ein blockartiger, in sich geschlossener Querschnitt mit stark reduzierten kapillaren und diffusionsoffenen Transportwegen. Dringt hier Feuchtigkeit ein – etwa infolge von

Leckagen oder Baufeuchte – wird sie im Inneren des Elements deutlich länger gespeichert. Die Austrocknung ist verlangsamt und erfolgt nicht zielgerichtet zur Oberfläche. Dies führt dazu, dass Schädigungsprozesse (z. B. mikrobieller Befall oder Festigkeitsreduktion) im Inneren bereits fortgeschritten sein können, bevor sie visuell erkennbar werden.

Im Vergleich dazu zeigen Vollholzquerschnitte und Leimbinder ein robusteres Feuchtigkeitsmanagement: Feuchtigkeitseintritte sind meist früher detektierbar (Verfärbungen, Quellverhalten, Oberflächenreaktionen), wodurch rechtzeitig Gegenmaßnahmen eingeleitet werden können.

Fazit aus fachlicher Sicht:

Verklebte Holzbauteile sind konstruktiv leistungsfähig und vielfach notwendig. Entscheidend ist jedoch die bewusste, auf das erforderliche Minimum reduzierte Systemwahl im Hinblick auf Feuchtesicherheit, Schadensrobustheit und Instandhaltungsfähigkeit sowie eine entsprechend sorgfältige Planung von Bauphysik, Details und Bauablauf.

Das ist der Unterschied zwischen einem Gebäude, das altert, und einem, das verfällt. Ein Holz-Lehmbau darf altern. Holz, das einmal trocken ist und trocken bleibt, hält Jahrhunderte. Manche Fachwerkshäuser in Europa stehen seit fünfhundert Jahren und mehr, weil man immer wieder einzelne Streben tauschen konnte, ohne die Statik anfassen zu müssen. Diese Reparierbarkeit ist das eigentliche Versprechen!

Wir bauen also nicht für heute, und auch nicht für die nächste Eigentümergeneration. Hans formuliert es einfach: *„Wir bauen enkeltauglich."*

DAS WICHTIGSTE AUS DIESEM KAPITEL

- **Langlebigkeit:** Materialien werden so eingesetzt, dass sie über Generationen halten und nicht nach 20 - 30 Jahren ersetzt werden müssen.
- **Reparierbarkeit:** Einzelne Bauteile - ein Sparren, eine Schwelle, eine Lehmschicht - lassen sich austauschen, ohne das gesamte Bauteil zu demontieren.
- **Rückbaubarkeit:** Was verbaut wurde, lässt sich am Ende des Gebäudelebens wieder trennen. Holz wird zu Holz, Lehm zu Erde.
- **Graue Energie:** Die Energie, die bereits in einem Gebäude steckt - durch Herstellung, Transport und Errichtung - ist der wertvollste unsichtbare Rohstoff. Bestand zu erhalten bedeutet, diese Energie nicht zu verschwenden.
- **Regionale Wertschöpfung:** Kurze Transportwege, lokale Handwerker und regionale Rohstoffe halten die wirtschaftliche Wirkung vor Ort und machen das Gebäude nachvollziehbar.

KAPITEL 8

Wohngesundheit als unser Fundament

> *„Wohngesundheit entsteht nicht durch Geräte, sondern durch das richtige Zusammenspiel der Materialien."*
>
> \- Nadja

Viele Menschen kennen das Gefühl, in einem Raum zu übernachten und in der Früh erschöpft aufzuwachen, wenn es nicht um einen Mangel an Schlafstunden ging, sondern um energetische Beeinflussung unserer wertvollen Ruhephasen im Raum.

Wohngesundheit ist die unsichtbare Basis für ein gesundes Leben. Sie lässt sich schwer in Worte fassen, aber viele Ursachen für Störungen unseres Alltags lassen sich auf sie zurückführen.

Haus für heute – Klima für Jahrzehnte

Nadja

Wenn ich zum ersten Mal einen Raum aus Holz, Lehm und vielen weiteren Naturmaterialien betrete, passiert etwas mit mir - und mit fast jedem Menschen, den ich dabei begleite. Man atmet unwillkürlich tiefer. Der Geruch ist anders, die Akustik weicher und das Licht im

Raum blendet nicht. Es dauert nie lange, bis jemand fragt. Und das, obwohl ich in diesem Moment noch gar nichts erklärt habe. Wohngesundheit ist für mich die Summe all dieser Einflüsse, die ein Innenraum auf einen Menschen hat, körperlich und psychisch. Die Luftqualität und die Materialien, aus denen Wände und Böden bestehen, die Raumfeuchtigkeit und die vorherrschende Zimmertemperatur, angepasste Lichtverhältnisse, die Haptik verschiedener Oberflächen und die Absorption des Schalls eines Raums wirken sich auf unser Empfinden untertags und den Schlaf aus. Die direkte Umgebung ist ausschlaggebend dafür, wie konzentriert wir arbeiten können und wie schnell unsere Tagesenergie uns verlässt. Das klingt abstrakt, ist es aber nicht. Vieles davon ist messbar, und all das hängt direkt mit den Materialien zusammen, aus denen ein Haus gebaut wurde.

In der Praxis sehe ich immer wieder zwei sehr unterschiedliche Ausgangssituationen. Auf der einen Seite Räume, die aus natürlichen, weitgehend unverfälschten Materialien bestehen wie massives, möglichst leimarmes Holz, Lehm- und Kalkputze, Dämmstoffe aus Holzfaser, Zellulose oder Hanf und Oberflächen mit Naturölen oder Wachsen. Auf der anderen Seite: Gipskarton, Kunstharzputze, synthetische Dämmstoffe, Kunststoffböden, beschichtete Holzwerkstoffe und die unterschiedlichsten Kleber und Schäume, importiert aus allen Teilen der Erde.

Man kann heute sehr genau analysieren, was in der Raumluft eines Gebäudes steckt. Zum Beispiel flüchtige organische Verbindungen, sogenannte VOC-Verbindungen (volatile organic compounds) und andere Schadstoffe, kommen aus Klebern, Beschichtungen, Kunststoffen und behandelten Holzwerkstoffen, die bei Raumtemperatur leicht verdampfen und als Gase in die Raumluft übergehen. Es handelt sich dabei um Formaldehyde (Spanplatten, Kleber, Lacke), Benzol, Toluol, Xylol, aber auch Terpene (z.B. aus Holz, Ölen). In konventionell ausgebauten Räumen liegen diese Werte oft deutlich höher als in Räumen mit natürlichen Materialien, besonders wenn niemand bei der Materialwahl bewusst auf Emissionsarmut geachtet hat. Natürliche Materialien wie Holz, Lehm oder Kalk puffern darüber hinaus die Raumfeuchte aus - sie nehmen Wasserdampf auf, wenn zu viel da ist, und geben ihn wieder ab, wenn die Luft trockener wird. Kein mechanisches System macht das so passiv und wartungsfrei wie eine gut geplante Konstruktion aus natürlichen Materialien.

Zu all diesen Schadstoffen kommen manchmal auch noch Beeinträchtigungen der Wohn- und Arbeitsqualität durch Schimmelsporen oder Mikroorganismen hinzu. Ein ganzheitlicher Blick bedeutet, auch unsichtbare Einflüsse auf die Gesundheit zu prüfen, insbesondere dann, wenn Bewohner sich unwohl fühlen.

Beim Thema Schimmel reicht es nicht, nur sichtbare Stellen zu behandeln. Ein verantwortungsvoller Umgang im Bestand beginnt damit, die Ursachen zu verstehen und nicht die Symptome zu überdecken, bevor man weitere bauliche Veränderungen unternimmt. Bauphysik, Nutzung und das Raumklima werden im Zusammenspiel beobachtet. Eine seriöse Abklärung gibt Aufschluss über eine mögliche Belastung und die Ursache.

Diese Themen betreffen unsere Arbeit sehr, da wir stabile, trockene und ausgeglichene Verhältnisse im Gebäude vorfinden müssen, um daran weiterbauen oder umbauen zu können. Nur diese Basis garantiert ein gesundes Gebäude. Sofern diese Themen abgeklärt sind, kann damit begonnen werden, über bauliche Wünsche zu sprechen.

Ich erlebe oft, dass Bauherren anfangs klar spüren, was sie wollen. Mehr Natürlichkeit, weniger überzogene Techniksysteme. Im Planungsprozess geht das jedoch leicht verloren. Wohngesundheit entsteht deshalb nicht durch ein einzelnes Material, sondern durch die bewusste Entscheidung, diesen Anspruch von Anfang an konsequent im gesamten Gebäude umzusetzen.

„Natürliches Bauen“ bedeutet nicht den Einsatz unbearbeiteter Rohstoffe, sondern beschreibt einen bewussten Umgang mit Materialien, bei dem deren Verarbeitungsgrad, chemische Behandlung (wie Verklebung,

Beschichtung oder Imprägnierung) sowie die damit verbundene Entfernung vom ursprünglichen Naturzustand kritisch hinterfragt und möglichst gering gehalten werden.

Lehm in Europa

Hans

I muss ehrlich sein. Wenn mir heute jemand sagt, Lehm sei ein Baustoff für Entwicklungsländer, dann weiß ich genau, woher solche Aussagen kommen. Das ist nämlich kein Irrtum, das ist das Ergebnis jahrzehntelanger Lobbyarbeit. Die Bauindustrie hat den Lehm eine Zeit lang vielleicht gerne in diese Ecke gedrängt. Afrika-Assoziation, Stampflehm als teures Luxusprojekt für Idealisten, das waren die Bilder, die daraus abgeleitet wurden. Wer Lehm wollte, war entweder arm oder ein Spinner.

Die andere Seite war der Stampflehm. Teuer und zeitaufwändig und für den normalen Hausbauer weit außerhalb jedes realistischen Budgets. Damit war der Lehm doppelt eingezäunt: unten die Hütten, oben die Leuchtturmprojekte, und dazwischen nichts Brauchbares für jemanden, der umbauen oder bauen will. Was dabei unter den Tisch gefallen ist: Lehm gehört in den Alpenraum. Er wurde hier seit Jahrhunderten verbaut.

Bevor ich tiefer einsteige, kurz das Grundsätzliche: Lehm ist nichts anderes als verwittertes Gestein, über lange

Zeiträume von Wasser, Wind oder Gletschern transportiert und zerrieben. Was am Ende übrigbleibt, sind Partikel verschiedener Größe – Sand, Schluff und Ton, manchmal mit gröberen Bestandteilen wie Kies oder Steinen. Der Ton ist der entscheidende Bestandteil, er wirkt im Lehm als Bindemittel. Aus den unterschiedlichen Mischverhältnissen ergibt sich die Vielfalt der Lehmarten. Bei hohem Tonanteil spricht man von „fettigem" Lehm, bei geringem von „magerem".

Lehm ist zudem nicht gleich Lehm. Die Zusammensetzung, die Reinheit, die darin enthaltenen Ton- und Kaolinanteile - das alles variiert je nach Region erheblich. Tonanteile im Lehm bilden als feinste Fraktion das eigentliche Bindemittel: Durch ihre plättchenartige Struktur mit hoher Oberfläche sorgen sie für Plastizität, Wasseraufnahme und die Fähigkeit, zu quellen und zu schwinden, wodurch Sand und Schluff zu einem formbaren, zusammenhängenden Baustoff werden.

Kaolinanteile sind ein spezieller, weniger reaktiver Teil dieser Tonminerale und zeichnen sich durch geringe Quellfähigkeit und höhere Formstabilität aus, wodurch sie das Verhalten des Lehms beruhigen und die Rissanfälligkeit reduzieren.

Schadstoffarmer Lehm kommt aus Gegenden, die weit weg von Industrieflächen, Altlasten und stark befahrenen Straßen liegen. Abgelegene Alpensenken, bestimmte Lössregionen im Weinviertel in Österreich,

Beckenlagen im pannonischen Raum. Wer Lehm als Baustoff ernst nimmt, muss auch die Frage ernst nehmen, woher er kommt.

Wenn Holz und Lehm zusammenkommen, zieht der Lehm die Feuchtigkeit aus dem Holz. Das hält das Holz trocken – und trockenes Holz wird weder von Pilzen noch von Insekten befallen. Der Holzschutz, den die Industrie mit chemischen Mitteln verspricht, passiert in einem Holz-Lehm-Aufbau ganz von selbst.

Das ÖKOMASSIV-Lehmplattensystem, das ich im Laufe der Zeit entwickelt habe, läuft im Rahmen der CE-Kennzeichnung durch laufende Prüfungen. Mir ist dabei stetig wichtig gewesen, dass auch der Lehm, den ich hier verwende, ordentlich geprüft wurde. Das ist wichtig, weil ein Bauherr heute das Recht hat zu wissen, was er sich ins Haus holt. Nicht weil ein Zertifikat die Erfahrung ersetzt, sondern weil Transparenz bei Materialien genauso selbstverständlich sein sollte wie bei Lebensmitteln.

Eine kleine Werkstoffgeschichte

Nadja

Ich kann mich nicht erinnern, wann ich zum ersten Mal ein Kalkfass gesehen habe. Es stand einfach immer in der Werkstatt meines Onkels, in einer Ecke, neben einer alten Holzbank. Darin ruhte Sumpfkalk. Weiß, fast warm in seiner Erscheinung, hergestellt aus Kalkstein, Wasser und viel Zeit. Wenn mein Onkel den Kalk mit Wasser und einem Löffel natürlichen Leims verrührte, entstand eine Farbe, die anders war als alles, was ich aus Baumarktdosen kannte. Sie deckten nicht. Sie lebten. Auf einer Wand veränderten sie sich mit dem Licht, wurden mittags anders als abends, wirkten in einem nassen Zustand anders als nach dem Trocknen. Ich strich damit Wände und versuchte mich mit Pigmenten aus Erde, Ocker oder Asche auf alten Holzoberflächen. Jede Fläche bekam dabei etwas Eigenes. *„Überlege dir gut, was du in deine Hände nimmst"*, sagte mein Onkel. *„Die Materialien, die angeboten werden, werden nicht besser."* Ich war damals vielleicht zwölf Jahre alt. Aber der Satz ist geblieben.

Kalkfarben sind diffusionsoffen, antibakteriell und sie brauchen keine chemischen Zusätze, um gut zu funktionieren. Das Gleiche gilt für Lehmputze, für naturbelassenes Vollholz und für natürliche Dämmmaterialien, die schon seit Jahrhunderten in Gebrauch sind und ihre Eigenschaften nicht aus einem Labor mitbringen. Die Frage nach dem Material ist keine ästhetische Entscheidung. Sie ist eine funktionale, eine gesundheitliche und letztlich auch eine ethische. Wenn man die Zusammensetzung eines Produkts nicht lesen oder verstehen kann, wird es schwierig, sie richtig auszuwählen bzw. einzusetzen.

In diesem Zusammenhang ist das, was der Malermeister Rainer Höck immer wieder betont, mehr als ein handwerkliches Detail. Man kann einen Wandaufbau über viele Schichten hinweg sorgfältig aus natürlichen Materialien aufbauen und mit einem einzigen falschen Farbanstrich alles zunichtemachen. Eine klassische, nicht naturbasierte Dispersionsfarbe mit dem größten „aktiven" Kunststoffbestandteil und chemischen Zusätzen zur Verbesserung gewünschter Eigenschaften schließt alle offenporigen natürlichen Oberflächen und deren Poren. In diesem Falle kann der Lehm darunter keine Feuchtigkeit mehr aufnehmen oder abgeben. Die Wand kann nicht mehr regulieren und ist somit dicht an der Oberfläche.

Raumfeuchte ist der vielleicht am häufigsten unterschätzte Faktor in der Wohngesundheit. Aus wissenschaftlicher Literatur und internationalen Standards lässt sich ein klarer empfohlener Bereich ableiten. Für Innenräume gilt daher ein Bereich zwischen 40 und 60 % an relativer Luftfeuchtigkeit als ideal für eine geringe Virenübertragung. Wenn dieser Wert darunter liegt, trocknen die Schleimhäute schneller aus, die Atemwege werden anfälliger, der Schlaf wird schlechter, die Bakterien können sich leichter an den Schleimhäuten anheften und sich vermehren. In Räumen mit Lehmwänden werden Werte unter 40 % in der Heizperiode praktisch nicht gemessen, weil Lehm Feuchtigkeit aufnimmt und wieder abgibt – ohne Strom, ohne Wartung, ohne dass sich jemand darum kümmern muss. In manchen Gebäuden mit dampfdichten Konstruktionen und mechanischer Lüftung ist genau das das Kernproblem: Die Luftfeuchtigkeit muss künstlich reguliert werden, weil das Gebäude es selbst nicht mehr kann.

Schall ist eine weitere Dimension, die sich im Alltag bemerkbar macht, obwohl man sie selten direkt benennt. Wer einmal in einem Raum mit harten, glatten Flächen gearbeitet hat, mit Gipskartonwänden, abgehängten Blechdecken, Kunstharzputzen, kennt das diffuse Rauschen, das entsteht, wenn Schwingungen nicht absorbiert werden können, sondern nur weitergeleitet werden. Lehm schluckt diese Schwingungen. So wie sich das Licht auf mineralischen Oberflächen, der kristallinen Struktur von Lehmputzen, bricht und gestreut wird, ohne hartes Reflexionslicht oder einer Blendung. Das sind keine kleinen Nebensächlichkeiten, das ist der Unterschied zwischen einem Raum, in dem man sich länger aufhalten möchte, und einem, in dem das latent schwierig bleibt.

Was Akustik und Licht betrifft, spürt man den Unterschied direkt. Was Schadstoffe betrifft, muss man sie messen – und die Ergebnisse sind eindeutig.

In Österreich durchgeführte Forschungen belegen, dass Lehmputz die Formaldehydkonzentration in der Raumluft bereits innerhalb weniger Tage um über ein Drittel reduziert, weil Lehm Schadstoffe kapillar bindet und abbaut. Eine Metastudie aus München, die mehr als dutzende internationale Studien ausgewertet hat, kommt zu dem Ergebnis, dass Holz in Innenräumen positive Auswirkungen auf Raumklima, Wohlbefinden, Leistungsfähigkeit und das Immunsystem hat. Vorausgesetzt, es wird naturbelassen und nicht mit behandelten Oberflächen oder synthetischen Klebern kombiniert.

Das Haus, das heilt

In der Schweiz entsteht gerade ein Spital, das zeigt, wohin dieser Gedanke führt, wenn man ihn wirklich ernst nimmt. Das Krankenhaus errichtet seinen Neubau fast vollständig aus massivem Mondholz nach dem Holz100-System (Holz, das unter Berücksichtigung forstwirtschaftlicher Mondkalender meist im Winter bei abnehmendem Mond geschlägert und die vollen Stämme mit der Krone talwärts liegengelassen werden. Erst zu einem späteren Zeitpunkt werden sie geschnitten und sollen eine höhere Dichte, längere Haltbarkeit, Stabilität und Resistenz gegen Schädlinge, Pilze und Feuer aufweisen). Das Holz bleibt leimfrei und chemisch unbehandelt. Nach aktuellem Kenntnisstand ist es das erste Spital der Welt, das einen Vollholzbau mit dieser Konsequenz umsetzt. Die Klinik ist anthroposophisch ausgerichtet, ihr medizinischer Ansatz sieht eine Verbindung von Mensch und Natur als Grundlage. Mit einer

Klinikleitung, die davon überzeugt ist, dass ein Haus heilend wirken kann, konsequent erbaut aus heilenden Materialien.

Für Allergiker und Menschen mit Atemwegsempfindlichkeit ist dieser Gedanke alles andere als abstrakt. Hausstaubmilben und Schimmelpilze, die häufigsten Auslöser allergischer und asthmatischer Beschwerden, brauchen eine relative Luftfeuchtigkeit von über 60 %. In Lehmhäusern wird dieser Wert durch die natürliche Feuchteregulierung dauerhaft unterschritten. Gesundheitsprobleme wie Allergien und Asthma lassen sich mit natürlichen Baumaterialien deutlich verringern.

Ein Haus kann krank machen. Das ist in der Wissenschaft seit Langem bekannt. Dass es auch heilen oder zumindest die Voraussetzungen dafür schaffen kann, dass Menschen sich erholen, gut schlafen, besser atmen, das ist die andere Seite. Und der Anfang eines Projekts beginnt immer mit der Wahl der Materialien.

DAS WICHTIGSTE AUS DIESEM KAPITEL

- Wohngesundheit ist die Summe aller Einflüsse, die ein Raum auf Körper und Psyche hat – messbar in der Luftqualität und spürbar im Alltag.
- Lehm reguliert die Raumfeuchte passiv ohne mechanische Systeme, ohne Wartung.
- Lehmputz reduziert Formaldehyd in der Raumluft. Holz in Innenräumen verbessert nachweislich Wohlbefinden und das Immunsystem.
- Hausstaubmilben und Schimmelpilze, häufigste Auslöser von Allergien und Asthma, finden in funktionierenden Holz-Lehmhäusern keine Lebensgrundlage.
- „Natürlich“ ist kein selbsterklärender Begriff: Entscheidend ist, ob das Material bis zur letzten Schicht stimmig bleibt, von der Konstruktion bis zur Wandfarbe.
- Eine Klinik erbaut aus leimfreiem Massivholz – als materieller Ausdruck der Überzeugung, dass Heilen mit dem richtigen Umfeld beginnt.

KAPITEL 9

Worüber wir reden, bevor wir bauen

„Wenn ein Haus nur mit Technik funktioniert, ist es falsch gedacht."

- Hans

Was der Kunde wirklich braucht

Hans

Es gibt drei Typen, die zu uns kommen. Die einen stehen am Anfang. Sie wissen noch nicht genau, was sie wollen, und kommen, weil sie sich informieren möchten und suchen erst einmal das Gespräch. Dann gibt es welche, die uns auf einer Messe besucht und sich das gemerkt haben. Und dann kommen jene, die ganz gezielt zu uns kommen. Die wissen, was sie wollen, weil sie davon erfahren haben, was wir machen.

Alle sind willkommen. Jeder kommt mit unterschiedlichen Voraussetzungen und mit anderen Experten im Gepäck. Das ist die eigentliche Herausforderung in der Beratung. Denn oft sitzt jemand vor uns mit einem fertigen Plan. Der Architekt hat seinen Entwurf. Die herstellenden Firmen ihr System. Viel Geld wurde schon ausgegeben. Und mittendrin sitzt ein Bauherr, der eigentlich ein Natur-Haus haben will, ohne zu wissen, woher er es wirklich bekommen kann. Aber auf dem Weg dorthin zwischen Angeboten und Experten verloren gegangen ist. *„Das geht jetzt nicht mehr"*, heißt es dann. *„Das haben wir alles schon so geplant", „Das ist heute alles schadstoffarm."*

Was in solchen Momenten hilft, ist kein Fachargument. Es ist die direkte Frage: Was willst du wirklich? Was ist dir wichtig?

Hans

Eine Geschichte zeigt das gut. Von einer Familie, die selbst natürliche Lebensmittel herstellt, kam vor rund zehn Jahren deren Architekt mit einer Anfrage zu mir: ein Holzhaus in Brettsperrholz sollte es werden. Ich hab dem Architekten erklärt, dass ich kein Brettsperrholz verwende und dass ich es anders mache. Holzbau ist nicht gleich Holzbau, hab ich gesagt, und Lehmbau auch nicht. Mit Lehmbau hat er sich überhaupt nicht ausgekannt, das kam erst später dazu.

Anfangs hatte ich nur Besprechungen mit dem Architekten der Familie. Da mir ein persönlicher Kontakt zu den Bauherren wichtig war und ich direkt mit Ihnen sprechen wollte, rief ich kurzerhand den Sohn der Familie an.

Ich hab ihm gesagt, dass ich gerne vorbeikäme und ihm gern erklären möchte, wie man natürlichen Holzbau mit Lehm in Verbindung bringen kann. Ich habe ihm am

Schluss des Gespräches gesagt, dass ich mir bei ihnen nur so eine Art von Haus vorstellen könnte, weil sie selbst als Unternehmer mit ihren Produkten Naturreinheit propagieren. Der Architekt hat aufgrund der Wünsche des Bauherrn seine Entwürfe an unsere Bauweise angepasst und sich mit unserer Bauweise auseinandergesetzt. Im Lauf des Projekts hat er selbst viel Neues über Holz-Lehm-Häuser gelernt.

Vor ein paar Monaten war ich wieder bei ihm zu Besuch. Er hat vom so angenehmen Klima in den Räumen geschwärmt. Er hätte sich nie gedacht, dass es so angenehm sein könnte und so einen Unterschied ausmache. Für ihn und seine Frau, sagte er, sei es eine sehr gute Entscheidung gewesen, die auch einfach zur Philosophie der Familie passt.

Anita Rauchdobler

Gastbeitrag

Auf der ersten richtigen Messe, auf der Hans und ich gemeinsam ausgestellt haben, war ich noch nicht mal richtig im Unternehmen. Wir hatten Stans in Tirol bei einer kleinen Fachmesse für Holzbau einen Stand aufgebaut. Vorne ein Stehpult aus Brettern aufgebaut, hinten Bretter als Wand und ein paar Fotos von Referenzen und Details darauf aufgehängt.

Hans kam irgendwann auf mich zu, sagte, er müsse kurz weg, und dann: *„Du bleibst jetzt da stehen und schreibst alles brav auf.“* Ich habe ihn angeschaut und gesagt: *„Was ich? Ich kenn mich doch technisch gar nicht aus.“* Er hat nur gesagt: *„Schreib einfach auf“* und war schon weg.

Ich habe aufgeschrieben und ich habe mit den Interessenten gesprochen und ihnen erste Informationen gegeben. Über Lehmplatten und was die Menschen sich wünschen. Wie sie leben wollen. Das konnte ich hinterfragen und erklären, ohne genaue Fachbegriffe nennen zu müssen. Und das, glaube ich, war von Anfang an meine Rolle.

Was mir in all den Jahren wichtig geblieben ist: Wir machen keinen Unterschied zwischen den Projekten. Ob jemand eine große Villa bauen möchte oder ob wir Lehmplatten liefern. Jeder bekommt dieselbe Beratung. Das ist für mich keine Frage der Strategie, das ist selbstverständlich.

Und genau das spüren die Kunden vielleicht. Viele kommen wieder. Manche Jahre später, mit ihren Kindern.

Manchmal sage ich schmunzelnd: Ich dachte immer, Hans arbeitet bis 70 und ich gehe früher in Pension. Heute hat sich das verschoben. Ich sehe mich selbst noch lange weiterarbeiten, vielleicht bis 70, und Hans setzt einen drauf und sagt, er mache bis 80 Jahre weiter. Das beschreibt uns eigentlich ganz gut.

Anita Rauchdobler ist Unternehmerin und Mitgründerin der Wegscheider Unternehmensgruppe, Tirol.

Wissen über Raumwirkung und ideale Bauplätze aus Europa

Nadja

In Gesprächen über Raumwirkung und bewusstes Bauen fällt oft der Begriff „Feng-Shui", der als fernöstliche Gestaltungslehre bekannt ist. Das asiatische Wissen über Standortwahl, abgestimmte Grundrissplanungen und individuelle Raumwirkung hat seine Berechtigung, es hat über Jahrtausende echtes Wissen bewahrt. Aber wir haben in Europa dasselbe Wissen für unsere Regionen zusammengetragen. Wir haben nur keinen eingängigen Namen daraus gemacht. Ich spreche dieses Thema gerne an, weil eine bewusst auf altem Wissen aufgebaute Planung auch im Holz-Lehmbau einhergeht. Ein sorgsames Gestalten unter Einbezug dieser besonderen Lehre und dem Wissen, das von Generation zu Generation in unseren Regionen weitergegeben wurde.

Selbst die alten Römer bauten nachhaltig mit Stein, Sand, Kalk und Holz. Dabei folgte jede Baumaßnahme einem durchdachten Plan.

Sie haben Stadtgründungen nicht willkürlich vorgenommen. Bevor ein Fundament gesetzt wurde, untersuchten sie das Land: Sie prüften das Wasser, den Boden, den Lichteinfall zu verschiedenen Tageszeiten. Sie achteten darauf, wo Tiere gesund lebten und wo sie krank wurden, denn das Tier gilt als früher Hinweisgeber für die Qualität eines Ortes. Lag Nebel dauerhaft in einer Mulde? Dann baute man dort kein Haus. War ein Hang nach Süden offen und vor dem Nordwind geschützt? Gab es sonnige Hochpunkte auf Hügeln mit Weitblick? Dann war das ein guter Platz. Dieses Wissen lebte in den Alpen weiter, in der Art, wie Bergbauernhöfe ausgerichtet waren, in alten Regeln für geeignete Brunnenplätze und Türschwellen und in dem Gespür, welcher Ort sich im Winter gut anfühlt und welcher nicht.

Holz und Lehm knüpfen genau dort an. Sie sind so alt wie das Wohnen selbst.

Das Notwendige

Eines der wichtigsten Konzepte in einem guten Beratungsgespräch ist Suffizienz: ein Wort, das man im Alltag selten hört und das bedeutet: Wie viel brauchst du wirklich? Es geht nicht darum, kleiner zu bauen um des Sparens willen. Es geht darum, das Passende zu bauen.

Nadja stellt in ihren Beratungen und im Zuschneiden von Raumkonzepten manchmal Fragen, die Kunden überraschen: Wann steht ihr morgens auf? Frühstückt ihr zusammen oder geht jeder direkt zur Tür? Habt ihr Kinder, die zu Hause lernen? Seid ihr den ganzen Tag in euren Räumen, oder kommt ihr abends spät zurück? Das sind keine Smalltalk-Fragen. Es sind die Grundlagenfragen für einen individuell optimierten Grundriss.

Das Nachhaltigkeitsprofil

Das Nachhaltigkeits- und Planungsprofil ist für mich das Herzstück eines guten Beratungsgesprächs und gleichzeitig das, was häufig zu wenig beleuchtet wird. Ein Planungsprozess entwickelt sich rasch direkt in Richtung Kosten, Termine und Materialwahl, bevor die eigentlichen Grundlagenfragen geklärt wurden.

Die Frage lautet: Wie lebst oder arbeitest du?

Früher Arbeitsbeginn im Homeoffice, gemeinsames Frühstück, bevor alle losstarten. Bei manchen sind Familienmitglieder den ganzen Tag da. Manche reisen viel und wollen, dass das Haus warm ist, wenn sie zurückkommen, ohne dass sie etwas tun müssen. Andere heizen gerne selbst ein, lieben das Ritual des Feuermachens und empfinden das als bewussten Kontakt mit dem Haus. Wer das nicht erfragt, plant am Menschen vorbei. Ein Gebäude, das nicht zur Lebensweise oder zum Arbeitsalltag passt, ist kein nachhaltiges Gebäude, egal aus welchem Material.

Ein wichtiger Teil dieses Profils betrifft die Wahl des Heizsystems. Wärmepumpen sind modern, oft gut gefördert und unter den richtigen Bedingungen ökologisch sinnvoll. Was aber selten im Angebot erwähnt wird: Der Verdichter und die Kühlrippen einer Wärmepumpe haben eine Lebensdauer von rund 15 Jahren. Dann muss das System erneuert oder wesentlich gewartet werden. Es ist eine Information, die ein Bauherr verdient hat, um die echten Lebenszykluskosten zu kennen, bevor eine Entscheidung getroffen wird.

Dasselbe gilt für die Form des Baukörpers. Eine kompakte, energetisch geschlossene Hülle, die wenig Vor- und Rücksprünge aufweist, wird energetisch einfacher und sparsamer zu handhaben sein. Kompakt und schön schließen einander nicht aus, wenn dies ein wichtiger Punkt für jemanden ist.

FÜNF ANTWORTEN:
WAS BEDEUTET „NACHHALTIG BAUEN" WIRKLICH?

- Beratungsgespräch mit Nachhaltigkeitsexperten vereinbaren, um die Richtung vorzugeben
- Nachhaltigkeitskonzept für ihr Projekt erstellen lassen
- Regionale Unternehmen engagieren
- Regionale Materialen sollen den größten Teil ausmachen
- Saubere Mülltrennung in der gesamten Bauphase

Wärme, die bleibt

Wer zum ersten Mal in einem Haus mit einer Wandheizung in der Lehmebene sitzt, beschreibt das Erlebnis oft ähnlich: Es ist warm. Aber man spürt keinen Heizkörper. Keine trockene Luft, kein Zugluftgefühl, keinen Temperaturunterschied zwischen Kopf und Füßen. Die Wärme wird gleichmäßig von der Wand als Fläche abgestrahlt.

Das ist Strahlungswärme, und sie unterscheidet sich physikalisch grundlegend von dem, was ein konventioneller Heizkörper erzeugt. Ein Heizkörper erwärmt zunächst die Luft. Die Luft steigt auf, kühlt ab, zirkuliert, wirbelt dabei Staub auf, trocknet Schleimhäute aus und erzeugt den charakteristischen warmen Kopf bei kalten Füßen, den viele als normal hingenommen haben. Der Lehmputz nimmt die Wärme der gezielt eingebetteten Heizrohre auf und gibt sie als Strahlung in den Raum ab wie ein Kachelofen, nur unsichtbar in der Wand. Der Körper nimmt diese Wärme ähnlich auf wie die Sonnenstrahlung, unmittelbar und ohne Umweg über die Raumluft.

Lehm ist für dieses Prinzip der ideale Partner. Er hat eine hohe Speichermasse. Er nimmt Wärme auf, wenn die Heizung läuft, und gibt sie gleichmäßig über Stunden ab, wenn sie abgeschaltet ist. Das ist dasselbe Prinzip wie beim Kachelofen – man lädt die Masse auf und lebt von ihrer gespeicherten Energie. In einem gut geplanten

Holz-Lehm-Haus bedeutet das, dass die Raumlufttemperatur zwei bis drei Grad niedriger liegen kann als in einem konventionell gebauten Haus, ohne dass die Behaglichkeit darunter leidet. Weil die Wandoberflächen warm sind. Bei 18 bis 20 Grad Raumlufttemperatur mit gleichmäßig temperierten Lehmwänden ist das thermische Empfinden angenehmer als bei 22 Grad herkömmlich anvisierter Raumtemperatur. Rund 18 % Heizkostenersparnis sind rechnerisch möglich, wenn man die nötige Vorlauftemperatur des Heizsystems senkt und diese Wohlfühlwirkung nutzt.

In der Praxis werden Heizschläuche unter den Lehmputz verlegt, entweder als Rohrsystem auf der Rohbauwand, das dann überputzt wird, oder in vorgefertigten Lehmplatten mit bereits integrierten Heizleitungen. Das Ergebnis ist eine Fläche, die wärmt, ohne sichtbar zu sein. Keine Heizkörper, keine Rohre, die den Raumzuschnitt beeinflussen, keine Flächen, die Staub ansammeln.

Das gilt für die Decke genauso wie für die Wand. Eine Deckenheizung im Lehmputz wirkt nach demselben Prinzip: gleichmäßige Wärme von oben, kein Luftzug. Für Menschen mit Atemwegsempfindlichkeit oder Stauballergien ist das ein messbarer Unterschied, weil die Raumluft ruhig bleibt und kein Staub aufgewirbelt wird.

Feuer

Hans

Es gibt eine Frage, die in Beratungsgesprächen fast immer kommt. Manchmal als ernst gemeinte Sorge, manchmal als Einwand, manchmal einfach als das, was sich jemand nicht direkt zu fragen traut: Brennt ein Holzhaus nicht schneller?

I kenn die Frage. Und i versteh sie. Holz ist sichtbar brennbar – das weiß jeder, der ein Lagerfeuer gemacht hat. Was die wenigsten wissen: Holz als Baustoff ist im Brandfall *berechenbarer*.

Wenn Holz in Brand gerät, entsteht an der Oberfläche eine Verkohlungsschicht. Diese Schicht leitet Wärme schlecht und verlangsamt den weiteren Abbrand erheblich. Der Kern des Bauteils bleibt über einen definierten Zeitraum intakt und tragfähig. Holz brennt langsam. Ein ausreichend dimensionierter Brettschichtholz- oder Massivholzträger hält neunzig Minuten einer Feuereinwirkung stand (R90), wobei sich die Dimensionierung vor allem am verbleibenden Restquerschnitt nach dem Abbrand ausrichtet. Bei stärkeren Querschnitten werden daraus hundert, hundertzwanzig Minuten oder mehr – je stärker dimensioniert, desto länger der Feuerwiderstand.

Lehm wirkt im Brandfall in eine andere Richtung: Er ist nichtbrennbar. In einem Wandaufbau mit vierzig Millimeter Lehm in wirksamer Masse erhöht sich der Anteil der nichtbrennbaren Substanz deutlich. Das Kristallgerüst des Lehms reißt auch bei hohen Temperaturen nicht leicht auf, sodass kaum Sauerstoff in die Konstruktion eindringen kann. Die Wand widersteht dem Durchbrand länger, und die Feuerwehr hat mehr Zeit für wirkungsvolle Löscharbeiten. Holz brennt also kontrolliert ab – und der Lehm darin wirkt zusätzlich wie ein eingebauter Brandschutz. Individuelle objektbezogene Nachweise können sogar eine Klassenerhöhung ermöglichen.

Stahl gilt als nicht brennbar. Im Brandfall verliert jedoch ungeschützter Stahl bei hohen Temperaturen rasch seine Festigkeit, wird im direkten Vergleich ohne Brandschutzmaßnahmen unberechenbarer und versagt dann plötzlich ohne Ankündigung. Ein Stahlträger, der nachgibt, kündigt das nicht an. Ein Holzbalken, der abbrennt, tut es langsam genug, dass die Feuerwehr rechtzeitig tätig werden kann. Holzgebäude bis zur Hochhausgrenze sind heute in vielen europäischen Ländern bei sorgfältiger Planung zulässig, und das nicht trotz des Werkstoffs, sondern weil sein Brandverhalten gut verstanden wird.

DAS WICHTIGSTE AUS DIESEM KAPITEL

- Eine gute Bedarfsanalyse beginnt mit der Frage „Wie lebst und arbeitest du?“ Tagesablauf und Heizgewohnheit und Gebäudegröße sind Nachhaltigkeitsfragen, bevor sie Kostenfragen sind.
- Bewusstes Bauen basiert auf europäischer Tradition, die bis in die Römerzeit zurückreicht. Wir müssen dafür nicht unbedingt fernöstliche Konzepte importieren, können uns aber viel davon abschauen.
- Eine in den Lehmputz oder in Lehmplatten integrierte Wandheizung arbeitet überwiegend als Strahlungswärme in Form von langwelligen Infrarotstrahlen. Sie wirkt als großflächig temperierte Oberfläche.
- Gezielte Positionierung beheizter Lehmwandflächen kann bei gleicher thermischer Behaglichkeit rechnerisch eine Heizkostenersparnis von bis zu 12 bis 18 % erreicht werden.
- Holz brennt langsam und berechenbar: Eine Verkohlungsschicht schützt den tragenden Kern über einen berechenbaren Zeitraum. Holzbau ist für einen möglichen Brandfall gut planbar.

KAPITEL 10

Wenn Plan und Material zusammenkommen

„Wer gegen das Material baut, baut gegen den Menschen."

- Hans

Vom Wunsch zur Entscheidung

Nadja vergleicht den Beginn eines Bauprojekts gern mit einem Gang in den Supermarkt. Du nimmst dir einen Einkaufskorb und füllst ihn nach deinen Vorstellungen: Du nimmst meistens, was du kennst, was dir wichtig ist, was du dir leisten willst. An der Kassa siehst du, was du für dein Geld bekommen hast. Beim Hausbau ist es genauso - mit dem Unterschied, dass du die Rechnung dafür erst zehn oder zwanzig Jahre später bekommst, wenn sich Wartungs- und Instandhaltungskosten, Fehlplanungen, Schimmelbefall oder das Gefühl, im falschen Haus zu wohnen, bemerkbar machen.

Der erste Schritt bei einem nachhaltigen Bauprojekt ist nicht die Wahl einer passenden Baufirma, sondern parallel dazu passende Berater und Planer, die mit diesen Themen vertraut sind und diese auch in der täglichen Praxis umsetzen - jemanden, der zuhört, bevor er erklärt.

Was in der Praxis stattdessen häufig passiert: Der Bauherr holt Angebote ein, spricht mit dem nächsten Herstellungsunternehmen, und am Ende des ersten Gesprächs hat dieser schon seinen üblich praktizierten Weg eingeschlagen, der mit den ursprünglichen Wünschen des Kunden nicht mehr konform geht. Der Kunde hat zu dieser Zeit meist weder einen Berater an seiner Seite noch eine entsprechende Vergleichsbasis.

Wenn das Nachhaltigkeitsprofil definiert ist (was wir im vorigen Kapitel beschrieben haben), beginnt direkt die Suche nach den richtigen ausführenden Betrieben. Es ist eine Partnerauswahl. Wir arbeiten mit Firmen zusammen, die sich dieser Bauweise über Jahre verpflichtet haben, die wissen, was zertifizierter Lehm bedeutet, es sind Betriebe, denen man natürliche Bauweisen nicht erst erklären muss.

Eigenleistung als Teil des Konzepts

Holz-Lehmbau ist nicht nur eine Bauweise für Großprojekte oder Leuchtturmhäuser mit reichlich Budget. Nadja bezieht in ihren Konzepten und Planungsbegleitungen das System, das Hans anbietet, direkt mit ein. Es wurde bewusst so entwickelt, dass auch Bauherren mit kleinem Budget einen sinnvollen Anteil an Eigenleistungen gerne übernehmen können, selbst Hand anlegen können – und das ohne Fachausbildung, mit wenigen Anleitungsinputs von beiden.

Die Lehmplatten sind so konzipiert, dass handwerklich geschickte Bauherren sich nach kurzer Einweisung selbst an die Montage wagen können. Detailpläne und Anleitungen geben Hans und sein Team mit. In der Praxis bedeutet das: Bei vielen Projekten übernehmen die Bauherren rund 90 Prozent der Plattenmontage selbst. Was bei Hans und seinem Team bleibt, sind meist die Verputzarbeiten, denn dort braucht es eine geübte Hand für eine gleichmäßig glatte Oberfläche.

„Eine Lehrerin aus dem Zillertal hat es erst nicht für möglich gehalten. Alleinerziehende Mama, ein Gehalt, kein üppiges Budget. Mit ein bisschen Anleitung von uns, mit einer wirklich guten Hand und viel Geduld hat sie den Großteil ihres Hauses selbst gemacht. Das zeigt zwei Dinge: Lehmbau ist auch für jemanden mit überschaubarerem Budget oder wenig technischem Vorwissen machbar."

- Hans

Externe Experten anderer Gewerke können sich laufend vor ihren bevorstehenden Arbeiten mit Lehm bei bestehenden Baustellen die trockenen und einfachen Gegebenheiten anschauen, wie sie dort ihre Komponenten in diesem System sauber unterbringen können.

Low Tech – High Comfort: Die ehrliche Kostenrechnung

Wenn wir mit Bauherren über Kosten sprechen, kommt fast immer die Frage: Ist das nicht teurer als ein konventionelles Haus? Die ehrliche Antwort lautet: Das hängt davon ab, was man vergleicht.

Der einzige sinnvolle Vergleich im Hausbau ist der schlüsselfertige Preis über den gesamten Lebenszyklus – Investition, Betrieb, Wartung, Instandhaltung. Alles andere ist, als würde man zwei Autos vergleichen und bei einem die Unterhaltskosten weglassen. Das Ergebnis ist eine Zahl, aber sie sagt nichts.

Ein konkretes Beispiel: In einem Holz-Lehm-Haus reguliert die Gebäudehülle die Luftfeuchtigkeit von sich aus, der natürliche Luftwechsel genügt im Normalfall. Das bedeutet in der Regel, es ist keine Wohnraumlüftungsanlage notwendig. Dazu kommen keine Filterwechsel, kein Reparaturaufwand, keine Systemerneuerung nach fünfzehn Jahren und keine Fragen, warum die Anlage nicht richtig funktioniert oder ob die Bakterienfilter noch sauber genug sind.

Nadja nennt das, was dahintersteckt, Low Tech – High Comfort: weniger übertrieben integrierte Technik, mehr Materialkompetenz und Konzentration auf das Wesentliche. Ein Haus, das durch seine Konstruktion und seine

Materialien selbst leistet, was andere Häuser durch zusätzlich installierte Systeme lösen müssen.

Der Lebenszyklusplan gehört für uns deshalb zur Beratung und Planung als fixer Bestandteil dazu. Wir rechnen nicht, was ein Haus kostet, wenn es fertig ist. Wir rechnen, was es kostet, darin zu wohnen über zwanzig, dreißig, fünfzig Jahre. Welche Materialien altern würdevoll, welche müssen ersetzt werden? Welche Systeme sind wartungsintensiv, welche nicht? Welche Konstruktionen lassen sich reparieren, welche verlangen einen Komplettaustausch? Wer diese Fragen von Anfang an stellt, baut selten „teuer“.

Die Hülle hält

Wir geben auf die Gebäudehülle eines Holz-Lehm-Hauses im Stil unserer Umsetzung eine extrem hohe Haltbarkeitsgarantie. Das ist eine Konsequenz aus unserer Art zu planen und zu bauen.

Alte Fachwerkhäuser in Nürnberg in Deutschland zum Beispiel stehen seit fünfhundert Jahren, weil man immer eine einzelne Strebe tauschen konnte, ohne die Statik anzufassen – das ist das Prinzip der Reparierbarkeit, und es ist das Prinzip, nach dem wir auch hier in Österreich bauen können.

Ein Haus, das reparierbar ist, bleibt ein Haus.

DAS WICHTIGSTE AUS DIESEM KAPITEL

- Die richtige Planung beginnt direkt mit der Wahl der Herstellungsfirma: Ein Nachhaltigkeitsberater oder Planer mit klarem Werteprofil ist ein wichtiger Begleitpartner.
- Ausführende Firmen, die fit sind im Holz-Lehmbau, erkennt man daran, dass sie wissen, was sie verwenden und warum. Das zeigt sich an Referenzen, im Material, im Umgang, im Ergebnis.
- Low Tech – High Comfort bedeutet: Materialien übernehmen Aufgaben, die andere Häuser durch Technik lösen müssen. Das spart Investitionskosten, Betriebskosten und Wartungsaufwand.
- Der Kostenvergleich ist nur dann sinnvoll, wenn er den gesamten Lebenszyklus miteinbezieht: Wartung, Instandhaltung und Betrieb über Jahrzehnte.

KAPITEL 11

Was nach dem Rohbau zählt

„Ein Haus soll sich regulieren können. Alles andere ist nur ein kontrollierter Kompromiss.“

- Nadja

Wer ein Haus baut oder saniert, denkt zuerst an Grundrisse, Dämmstoffe und Heizung. Irgendwann, oft kurz vor Einzug, kommen die Fragen nach Farben, Bodenbelag und Ausstattung. Das Budget ist meist schon strapaziert und die Energie fehlt. Dabei ist genau dieser letzte Abschnitt entscheidend dafür, ob das Haus tatsächlich so funktioniert, wie es gedacht war. Diffusionsoffene Wandfarbe, schadstoffarme Ausstattung, sparsame Leuchtmittel, strahlungsfreie Ruhezonen und, und, und.

Was Menschen sich von ihrem Zuhause wirklich erwarten

Das Leben ist lauter geworden. Permanente Erreichbarkeit, Homeoffice, der Spagat zwischen Familie und Beruf - vieles davon spielt sich heute im eigenen Haus ab. Kunden kommen zu uns nicht mehr nur mit Wünschen nach Grundfläche und Raumaufteilung. Sie kommen mit dem

Bedürfnis nach Rückzug. Nach einem Ort, an dem der Körper loslässt und der Geist langsamer wird.

Es ist die tägliche Realität, die sich in Beratungsgesprächen widerspiegelt: bewusst Bereiche einzuplanen, in denen sie sich erholen oder zur Ruhe kommen können. Ein Schlafzimmer, das einen erholsamen Schlaf ermöglicht. Ein Wohnraum, der nicht reizüberflutend ist. Ein Arbeitsbereich zu Hause, der Konzentration unterstützt.

Was dabei häufig missverstanden wird: Gesund bauen wird oft gleichgesetzt mit einer bestimmten Optik. Sichtbalken, rustikale Oberflächen, das sprichwörtliche „Öko-Feeling“. Beides hat miteinander nichts zu tun. Ein Innenraum aus natürlichen Materialien ist genauso modern, klar und elegant wie jedes konventionell gebaute Haus. Es geht nicht um das Aussehen, sondern um das, was hinter der Oberfläche steckt. Und was die Oberfläche mit dem Menschen macht, der darin wohnt.

Nadja

Ich verwandle bestehende Räume in gesunde Wohnräume. Beim Umbau von Wohnungen oder Einfamilienhäusern habe ich immer versucht, sicherzustellen, dass das Raumklima angenehm ist. Das Wohlbefinden inmitten natürlicher Materialien und das, was sich wie eine gute Atmosphäre anfühlt, sind keine zufälligen Überlegungen, sondern zentrale Planungspunkte in einem Projekt. Problemzonen werden analysiert und beschrieben, Blockaden diagnostiziert und sichtbar gemacht. Lösungen gefunden! Viele Kunden kommen und erzählen von einem unwohlen Gefühl in ihren Räumen: Sie verstehen nicht, warum sie sich in ihren eigenen Räumen nicht entspannen können, warum Konzentration schwerfällt oder warum ein Kind nicht gut schlafen kann. Und es sind nur kleine Eingriffe notwendig, bewusste Veränderungen, die eine erste Wirkung hin zu einer angenehmen Umgebung zeigen. Den Weg ebnen für Lehm- oder Hanfplatten, Lehmputz oder Kalkfarben und Massivholz statt Trockenbau. Bei diesen Eingriffen, die große Auswirkungen auf Gesundheit und Wohlbefinden des Raumes haben, ist viel Sensibilität im Spiel. Ein Verständnis für Material, Design und Machbarkeit ist hier notwendig. Möbel werden integriert, neu gedacht, zusammen mit hochwertigen Naturmaterialien. Im Kern entsteht ein Gestaltungskonzept mit einer Signatur und einem Leitfaden durch das gesamte Projekt. Auch bei Hotelprojekten beginne ich mit einer tiefgehenden Analyse: Zielgruppe, Nutzung, Schwächen der bestehenden Struktur. Daraus mache ich einen konsistenten, authentischen Designfaden. Eine Transformation erfolgt Schritt für Schritt, oft Etage für Etage oder Raum für Raum, mit Materialien wie Stein, Holz, Lehm, Stroh, Kork und Naturtextilien, damit der Betrieb weiterlaufen kann. Nachhaltigkeit ist eine Praxis, kein Konzept, und ist greifbar, nicht nur etwas, das wir übernehmen sollen, sondern auch etwas, das für uns wirtschaftlich funktioniert: sichtbar versus abstrakt, sichtbar versus nicht so sichtbar. In Büroräumen ergänze ich Standardmaßnahmen mit biophilen Praktiken, die Produktivität und Wohlbefinden fördern. Holz, Lehm, Textilien können einen großen Unterschied machen, besonders bei Klangeffekten. Oft bedeutet das auch, synthetische Materialien strategisch zu reduzieren. Das Ziel ist, dass die Qualität der Räume Konzentration unterstützt und die Leistung nachhaltig verbessert – für alle im Raum. Bei öffentlichen Arbeiten, auch in Bildungseinrichtungen oder Einrichtungen für ältere Menschen, liegt der Schwerpunkt auf Gesundheit und Langlebigkeit und der Nutzung durchdachter Lösungen. Materielle Elemente mit geringerer Schadstoffbelastung, langlebige Bauweise und ruhige und unterstützende Räume sind von größter Bedeutung. Besonders die sensibelsten Nutzer profitieren von Räumen, die Holz-Lehm-Systeme, natürliche Oberflächen und durchdachtes Design nutzen, um ihre Konzentration und ihr Wohlbefinden zu fördern. Und dann gibt es diese innovativen Projekte, die Raum für Erkundungen schaffen. Nie alltäglich, aber immer eine große Freude. Stroh-Lehmbau, Hanf als Baumaterial. Solche Projekte entstehen oft zusammen mit Kunden, die sich wirklich engagieren wollen, mit Menschen, die eine Leidenschaft für Materialien und einen nachhaltigen Lebensstil haben. Hier kommen Handwerk, Architektur und Design zusammen und schaffen etwas sehr Eigenständiges, ganz anders als das Übliche. Ich begleite nicht jedes einzelne Projekt in jeder Phase.

Manchmal geht es auch darum, bestehende Pläne zu überarbeiten, sie zu polieren, eine greifbare Vorstellung davon zu geben, wohin man will. Material, Atmosphäre und Nachhaltigkeit sind von größter Bedeutung, sodass Konzepte zu Dingen entwickelt werden, die nicht nur den Raum verbessern, sondern ihn buchstäblich verändern. Und es ist diese Vielfalt, die mich immer wieder zufriedenstellt. In ihren verschiedenen Formen, von kleineren, fokussierten Lösungen bis zur ganzheitlichen Metamorphose eines Gebäudes – die Maßstäbe stimmen nicht überein, aber die Grundlagen schon: durchdachte und bewusste Nutzung von Ressourcen, wahrhaftige Materialien und, ja, zielgerichtete, umsichtige Bauweise. Diese Parallelen zur Schau zu stellen und sie in einer Vielzahl von Projekten umzusetzen, macht mich nicht nur glücklich, sondern auch stolz.

Eine besondere Möglichkeit für die Bodengestaltung im Innenraum ist zum Beispiel ein spezieller Stampflehmboden. Feuchter Lehm wird dabei lagenweise in eine Schalung eingebracht und verdichtet, bis eine massive, fugenlose Oberfläche entsteht. Das ist aufwändiger als ein gewöhnlicher Bodenbelag und braucht erfahrene Handwerker. Wer die Möglichkeit dazu hat, bekommt dafür einen Boden, der die guten Eigenschaften des Lehms auch von unten in den Raum bringt: Wärmespeicherung, Feuchteregulierung, völlige Schadstofffreiheit. Am Ende des Gebäudelebens lässt sich der Boden wieder zur Erde machen, wie jedes Lehmbauteil.

Möbel – der unterschätzte Faktor

Lehm kann Schadstoffe aufnehmen, das wissen wir jetzt – aber er ist kein Filter für alles, was in solchen Räumen verarbeitet werden sollte. Unmöglich! Entgegenwirken kann man hier, indem man bei der Ausstattung auf die Materialien achtet, die verwendet werden, man persönliche, unlackierte Vintagemöbel oder natürlich behandelte Vollholzmöbel aus zertifiziert emissionsarmen Materialien in die Einrichtungsideen einbaut.

Was dabei oft unterschätzt wird: Tischlerarbeit muss nicht teurer sein als der Kauf von Fertigmöbeln. Wer einen regionalen Tischler einbezieht, bekommt sicher für jedes Budget Einbauten oder Einzelstücke aus massivem Holz – von der Küche über die Bestuhlung bis zum Einbauschrank. Das Material lässt sich prüfen, die Herkunft ist bekannt, und die Lebensdauer übersteigt die der meisten Kaufmöbel deutlich. Wer ein Liebhaber von Designermöbeln ist, findet einige Hersteller, die mit Vollholz aus regionaler Produktion arbeiten. Es lohnt sich, gezielt danach zu suchen und bei jedem Möbelstück dieselbe Frage zu stellen, die man bei Baumaterialien stellt: Was steckt im Produkt, und wo und wie wurde es produziert?

Wir arbeiten mit der Schreinerei Weidlich in Großkarolinenfeld in Bayern zusammen, einer Mondholz-Manufaktur und Kooperationspartner von Thoma

Holz100. Sie verarbeitet seit über dreißig Jahren ausschließlich leimfreies, mondgeschlagenes Vollholz. Für einen Teil unserer Thoma-Häuser fertigt Weidlich die Möbel – Küchen, Türen, Einbauten – aus demselben Material wie das Haus selbst. Es muss aber nicht immer Mondholz sein, volles Holz, ökologisch behandelt, ist schon eine sehr gute Basis.

Dies sind Kontakte, die wir empfehlen können. Mit ein paar Stücken beginnen, schöne alte Vollholz-Möbel aufwerten und verwenden und günstiges Bestandsinventar im Laufe der Zeit loswerden und durch weitere, überlegte massive Vollholzmöbel ersetzen.

Hanfplatten statt Gipskarton

Nadja

Wenn du eine Renovierung angehst, kannst du gleich am Anfang eine richtig gute Entscheidung treffen: Statt klassischer Gipskartonplatten nimmst du Hanf-Lehm-Platten. Die gibt es in ganz normalen Plattenformaten und in mehreren Stärken. Du kannst sie praktisch überall einsetzen, nicht nur im klassischen Holz-Lehmbau. Vom Handling her ist das für dich kein Umstieg: zuschneiden, anpassen, verschrauben – funktioniert genau wie im Trockenbau. Wer schon einmal mit Gipskarton gearbeitet hat, kommt damit sofort klar. Der entscheidende Unterschied liegt im Materialverhalten. Hanf-Lehm-Platten sind dampfdiffusionsoffen im Gegensatz zu

Gipsplatten. Genau das sorgt für ein deutlich stabileres Raumklima – das ist der große Vorteil gegenüber Gipskarton, der sich in dieser Hinsicht eher passiv verhält. Wenn du also ökologisch und wohngesund ausbauen willst, ist das eine echte Alternative, unabhängig davon, ob dein Haus aus Beton, Ziegel oder Holz ist.

Wichtig ist nur, die Grenzen zu kennen. Überall dort, wo du zwingend Fliesen brauchst, also klassische Nassbereiche mit direkter Wasserbelastung, brauchst du einen dafür geeigneten, geschlossenen Untergrund. Auf diffusionsoffenen Flächen wie Hanf-Lehm-Platten verlegt man keine Fliesen. Dafür gibt es eigene Systeme, und genau da macht eine saubere Planung und Abstimmung Sinn. Für alles andere wie Wände, Decken, Innenausbau sind Hanf-Lehm-Platten eine ideale Ergänzung. Einfach in der Verarbeitung, bauphysikalisch stark und langfristig deutlich wertiger im Raumklima.

Elektroinstallation und Elektrosmog

Nadja

Weitere Störfaktoren in unseren Räumen – selbst bei einem ökologischen Baustil und einer natürlichen Raumausstattung – können starke elektromagnetische Felder sein. Diese können biologische Auswirkungen auf uns haben. Wir wissen, dass der Schlafbereich besonders sensibel ist, weil der Körper in der Nacht regeneriert.

Gezielte und wenige Elektroanschlüsse, kein W-LAN in den Schlafräumen. Das Weglassen von Verlängerungskabeln ohne Netzschalter im Raum hilft dabei, zu allen natürlichen Baumaßnahmen letzte Störfaktoren zu eliminieren. Besser kabelgebundene Verbindungen statt W-LAN, wo immer das möglich ist. Das sind keine drastischen Maßnahmen, es ist planbar und der Aufwand ist überschaubar.

Was die Elektroinstallation im Allgemeinen im Holz-Lehmbau betrifft: Sie ist ohnehin klarer und günstiger als in massiven Konstruktionen. Im Ziegelbau muss gestemmt werden, Kanäle in den Stein gebrochen, Leitungen eingelegt und verputzt werden. Im Holz-Lehmbau werden Leitungen leicht geführt, ohne großen Aufwand trocken und sauber verlegt, und ohne bleibende Eingriffe in die Konstruktion verputzt. Das ist ein praktischer Vorteil, der sich direkt in den Installationskosten zum Positiven niederschlägt.

Ein Wort zu Smart Home: Die Idee, alles zentral steuern zu können – Licht, Jalousien, Heizung, Haushaltsgeräte – klingt komfortabel. Was dabei selten gefragt wird: Wie lange sind die Komponenten lieferbar? Was passiert, wenn das System veraltet und kein Ersatz mehr erhältlich ist? Welchen Aufwand bedeutet die Installation, und was kostet die Wartung? Und vor allem: Wie viele dieser Funktionen werden im Alltag wirklich gebraucht? Wer sich das ehrlich beantwortet, wird feststellen, dass ein gut geplantes, einfaches System, konventionell verdrahtet und ohne Abhängigkeit von Software- oder Produktupdates, vielleicht eine klügere und langlebigere Wahl ist. Low Tech – High Comfort gilt auch hier.

Mst. Rainer Höck

Gastbeitrag

Der letzte Millimeter ist entscheidend

Man kann im Holz-Lehmbau alles richtig machen. Den richtigen Wandaufbau, die richtigen Lehmplatten, den richtigen Unterputz, den richtigen Lehmfeinputz. Und dann bekommt ein Bauherr, manchmal auch als gut gemeinter Tipp vom Baumarkt, zum Abschluss den Rat, eine Dispersionsfarbe drüberzustreichen. Die Poren sind zu. Die Wand kann keine Feuchtigkeit mehr aufnehmen und wieder abgeben. Der gesamte Aufbau davor hat seinen wichtigsten Zweck verloren.

Das ist keine Kleinigkeit. Das ist der Unterschied zwischen einer Wand, die das Raumklima reguliert, und einer Wand, die es nicht mehr kann.

Mineralische Farben, sogar mit der Bezeichnung als Kalkfarben, und insbesondere sogenannte Silikatfarben sind inzwischen überwiegend mit organischen Bindemitteln der Erdölchemie versetzt im Handel. Reichern sich diese Kunststoffe mit jeder weiteren Überarbeitung zunehmend auf dampfdiffusionsoffenen Oberflächen an, verändert dies langfristig auch die spezifische Bauphysik. Ein Lehmputz sollte an der Wand dahinter weiterhin puffern und regulieren können. Das funktioniert aber nur, solange keine Schicht das Prinzip unterbricht. Ein solcher Systemaufbau ist also auch davon abhängig, welche Materialien zur Oberflächenbearbeitung verwendet werden.

Mit Hans Wegscheider verbindet mich diese Überzeugung. Wir sind auch beide in den Normungsausschuss von Austrian Standards Institute nominiert, weil wir mit unserer Erfahrung als renommierte Praktiker mit anderen ausgewiesenen Experten wie aus Forschung und Wissenschaften die Fakten gemeinsam festschreiben, obwohl die Industrie größere Vertriebskanäle hat.

Hans und ich gehen manchmal am Weg zu den vielen Sitzungen gemeinsam durch Städte und schauen uns dabei auch immer wieder Fassaden an. Historische Gebäude, alte Kalkputze, Fassaden, die seit Jahrzehnten stehen und noch immer funktionieren. Man sieht sofort, was gut gemacht wurde und was nicht. Salzausblühungen, die zeigen, dass Feuchtigkeit nicht mehr reguliert wird. Beschichtungen, die sich ablösen, weil das Material darunter ganz logisch und schon seit immer von Baufeuchte belastet wird und diese nicht durch die Schicht oben hindurchgeht. Und hin und wieder eine Fassade, die einfach da steht, seit hundert Jahren, ohne dass jemand eingegriffen hat. Das ist für uns auch ein Ziel. Eine dem Menschen entsprechende Ästhetik aus funktionierenden Naturbaustoffen näherzubringen.

Der letzte Millimeter. Den muss man kennen, ihn respektieren und im Zweifelsfall lieber einmal mehr nachfragen, was unter dem nächsten Anstrich liegt.

Mst. Rainer Höck ist Malermeister, Unternehmer, Bundesinnungsausschussmitglied und Lehrbeauftragter an der Meisterschule.

KAPITEL 12

Vom Bauernhof zum Mehrgenerationenhaus

„Wenn es gelingt, eine Symbiose aus Alt- und Neubau zu schaffen, gelingt es, das Herz und das Gedächtnis des bestehenden Gebäudes zu bewahren und gleichzeitig eine zeitgemäße Wohnkultur im Sinne des Klimaschutzes zu schaffen."

- Michael

Ein Anruf, der alles erklärt

Hans

Der Anruf kam an einem ganz normalen Vormittag. Der Sohn eines ehemaligen Kunden war am Telefon. Wir hatten vor Jahren eine Aufstockung auf seiner Garage gemacht – ein Holz-Lehm-Haus obendrauf, zwei Zimmer, das Elternschlafzimmer. Er und seine Frau waren damals nach Fertigstellung dort eingezogen und zufrieden, so wie die meisten, die einmal in einem Holz-Lehm-Haus geschlafen haben.

Dann kam ein drittes Kind. Sie brauchten mehr Platz. Sie haben also das Obergeschoss des Elternhauses durchbrochen, das ein Bau aus Ziegelmauerwerk mit herkömmlichem Putz war. Ein zusätzliches Zimmer, direkt angebunden. Praktisch und schnell gemacht.

Ein halbes Jahr später rief mich der Sohn des Kunden an und fragte, ob ich vorbeikommen und mir etwas anschauen könne. Er fragte, ob man auf eine Betonwand oder auf eine Ziegelwand auch einen Lehmputz aufbringen könne. Ich sagte: *„Ja, sicher geht das.“* Und dann fragte ich: *„Du spürst es, oder?“*

Ja, er spürte es. Er hatte monatelang in den Holz-Lehm-Räumen geschlafen und wusste, wie sich das anfühlt. Jetzt, im neuen Zimmer mit klassischem Zement- oder Gipsputz existierte ein anderes Klima. Trockener, unruhiger, wobei ein Ziegelstein auch ein offenporiges Material und ideal als Basis für einen Lehmputz wäre. Nur nicht, wenn ein mit Chemikalien versetzter Putz darauf verarbeitet wurde. Etwas fehlte, und sein Körper merkte es, bevor er es benennen konnte.

Wir haben die Wandflächen vom bestehenden Putz darauf entfernt. Wir haben ihn auf den Flächen abgeschlagen und somit eine offenporige Ebene für den Lehmputz bekommen. Wenn es einfach geht, so wie hier, mache ich das immer gleich mit. Wir haben eineinhalb bis zwei Zentimeter Lehmputz draufgemacht. Kein großer Eingriff, keine Baustelle und trotzdem hat es gereicht, um das Raumklima, das Wohlgefühl und den Schlaf spürbar zu verändern. Wenn man ein paar Quadratzentimeter der Bodenfläche noch zusätzlich bereitstellen kann, könnte man auch zuerst dicke Lehmbauplatten an den Wandflächen befestigen und dann den Lehmputz darauf verarbeiten. So würde man die Wirkung des Lehms im Raum noch mehr verstärken.

Wir möchten eines klarstellen, da wir diese Sorge in Beratungsgesprächen häufig wahrnehmen: Niemand muss neu bauen, um in gesunden Räumen zu leben.

Sanieren statt Abreißen

In Tirol ist Baugrund knapp. Wer ein Grundstück hat, auf dem bereits ein Haus steht, wird sich dreimal überlegen, ob er es abreißt. Die Realität zeigt das: Rund die Hälfte der Projekte, die Hans Wegscheider umsetzt, sind Aufstockungen oder Sanierungen. Keine Neubauten auf der grünen Wiese, sondern Arbeit am Bestand – 120 bis 150 Quadratmeter Wohnfläche, aufgesetzt auf eine bestehende Garage, ein Elternhaus oder eine alte Scheune.

Wenn ein Haus einigermaßen gut beieinander ist, muss man es nicht abreißen. Man kann es sanieren, und zwar mit Materialien, die sich über Jahrhunderte bewährt haben. Die Forschung gibt ihm recht, wie im Rahmen des Projekts BIGCONAIR an der Universität Innsbruck mit dem nachträglich mit Lehmplatten ausgekleideten Stahlcontainer bewiesen wurde. Selbst bei einer bloßen Nachrüstung verbesserte sich das Raumklima deutlich. Lehm funktioniert auch im Bestand, wenn man ihn richtig einsetzt.

Das ist ein entscheidender Punkt für alle, die nicht neu bauen, sondern ihr bestehendes Zuhause verbessern wollen. Man muss nicht alles rausreißen. Schon eine Lehmputzschicht auf vorhandenem Mauerwerk kann spürbare Veränderungen bewirken im Feuchtigkeitshaushalt, in der Luftqualität und im Schlafklima.

Ein Projekt, das wir gerne hier in diesem Buch beleuchten möchten, ist eines von Michael Flach. Es soll einen Vorgeschmack auf unser zweites, rein technisch aufgebautes Buch geben, das diesem Buch folgen wird. Michael hat einen alten Bauernhof mit viel Wissen, Liebe zum Detail und ökologischen Grundgedanken neu zum Leben erweckt, enkeltauglich, wie Hans immer so schön sagt. Hier ein Vorgeschmack. Bilder und Details folgen im nächsten Buch.

Univ.-Prof. DDipl.-Ing. Michael Flach

Gastbeitrag

Der Mayerhof in Trins – Vom Bauernhof zum Mehrgenerationenhaus

In heutigen Zeiten in einem ehemaligen Bauernhof zu leben, mag ein Wunschtraum sein, es ist aber trotz vieler leer stehender Bauernhöfe mit vielen Hindernissen und Auflagen verbunden. So ist ein Kauf für einen Nichtbauern nur mit einer Umwidmung der Nutzung möglich. Im konkreten Fall handelt es sich um den im Jahr 1627 gegründeten Mayerhof, der über zehn Jahre leer stand und ein imposantes Bauvolumen mit einer Gesamtfläche von über 650 Quadratmetern aufwies. Der Vorbesitzer nutzte zwar den Stall bis 2016 für die Schafwirtschaft, errichtete aber gleichzeitig einen neuen Hof, sodass die landwirtschaftlichen Nutzungsrechte auf den neuen Hof übergingen. Somit war es möglich, eine Umwidmung vorzunehmen, mit anschließender Bauverhandlung für ein Wohngebäude.

Der schlechte Zustand der Bausubstanz erforderte zur Sanierung einen finanziellen Aufwand, der deutlich über den Kosten eines Neubaus lag. So entstand eine „familiäre Baugruppe“: Jedes meiner drei Kinder nahm einen eigenen Kredit auf und brachte seine handwerklichen Fähigkeiten beim Endausbau ein. Jedem stand ein notariell paraphierter Wohnbereich zu. Gemeinschaftliche Bereiche wie Werkstätten, Heiz- und Technikraum sowie die Gartenanlagen sollten gemeinsam benutzt werden.

Es war der ausdrückliche Wunsch der Baugruppe, diesen Hof möglichst umfangreich in seinem Bestand zu erhalten und den baufälligen Bereich der Scheune bis auf die Südfassade durch eine energieeffiziente Neukonstruktion in Holzbauweise zu ersetzen. 480 der verfügbaren 650 Quadratmeter wurden als Wohnflächen auf vier Wohnungen verteilt. Die restlichen Flächen wurden als überdachte Außenbereiche für Balkone und Terrassen offengelassen. Neben sinnvoller Nutzung und Schutz verleihen sie dem Bauwerk Tiefe und Transparenz.

Nachhaltigkeit und Klimaschutz

Neben dem Wunsch, das Gebäude weitgehend unter Bewahrung des Bestands um- und auszubauen, war das erklärte Ziel, ein vorbildliches Projekt in Bezug auf den Klimaschutz umzusetzen. Dazu galt es, CO_2-Emissionen nicht nur im Bereich der Betriebsenergie wie Heizung, Warmwasseraufbereitung und Haushaltsstrom zu reduzieren, sondern auch die graue Energie, die bei der Herstellung und dem Einbau der Bau- und Dämmstoffe entsteht.

Energieeffizienz

Beim Sanieren galt der Grundsatz des kompromisslosen Vorgehens nach dem „best practice"-Prinzip. Das Ausmaß der Energieeffizienz wurde für den Neubau nach dem „Passivhausstandard" angenommen, für den Sanierungsbereich kam ein Baustandard zur Anwendung, indem bestimmte Mindestanforderungen an die einzelnen Baukomponenten erfüllt wurden. Im erdnahen Fußbodenbereich wurde der bestehende Erdboden bis zu 80 Zentimeter tief ausgekoffert und mit Dämmerschotter aufgefüllt. Weitere Anforderungen wie die

Vermeidung von Wärmebrücken und ausreichende Luftdichtheit der Gebäudehülle wurden bei Planung und Ausführung berücksichtigt.

Das Gebäude befindet sich auf 1300 Meter Seehöhe und ist im Winter stark verschattet. Der über die Geothermie hinaus erforderliche Energiebedarf wird zwischen April und November von der eigenen Photovoltaikanlage gedeckt. In den Wintermonaten ergänzen zwei Holzöfen und Strom aus der Trinser Energiegemeinschaft den Bedarf, sodass insgesamt so gut wie keine CO_2-Belastung für das Gebäude auftritt.

Graue Energie

Gerade bei Altbausanierungen ist es entscheidend, möglichst viel von der Bausubstanz zu erhalten, um den hohen Energieaufwand für Abriss und Entsorgung zu vermeiden. Das gilt vor allem für das massive Mauerwerk, das sich, wenn es gut von außen gedämmt ist, sehr gut für die Bauteilaktivierung und zur Speicherung von Wärme im Winter sowie von Kühle im Sommer eignet. Auch der südseitige Kreuzverband aus Holz und die 400 Jahre alte Stubentäfelung wurden erhalten, um historische Bausubstanz zu bewahren und unnötigen Abriss zu vermeiden. Sowohl die Ost- als auch die Südfassade wurden weitgehend bewahrt. Eine Außendämmung des Mauerwerks war möglich, ohne das äußere Erscheinungsbild zu verändern.

Sanierung mit vorgefertigten Fassadenelementen aus ökologischen Bau- und Dämmstoffen

Im Rahmen einer Dissertation im Arbeitsbereich Holzbau der Universität Innsbruck entstand ein innovatives Fertigteilverfahren zur thermischen Ertüchtigung von Alt- und Neubauten, mit dem Ziel, herkömmliche Vollwärmeschutzfassaden durch eine ökologische Systembauweise zu ersetzen. Die Grundüberlegung bestand darin, umweltbedenkliche Komponenten wie Polystyrol durch umweltfreundliche und nachwachsende Komponenten zu ersetzen. Eine Lebenszyklusanalyse der üblichen Vollwärmeschutzfassade machte deutlich, dass Polystyrol aufgrund der Behandlung mit Pestiziden gegen Schimmel und der Brennbarkeit dieses Erdölprodukts nicht nur umweltschädlich ist, sondern nur als Giftmüll mit hohem Energieaufwand entsorgt werden darf. Die vergleichende Analyse ergab eine um 40 % höhere CO_2-Belastung im Vergleich zur gewählten ökologischen Lösung.

In diesem Projekt entstand durch eine erfolgreiche Studie eine umweltfreundliche Alternative mit vorgefertigten und ökologisch gedämmten Fassadenelementen. Die Fertigteile wurden in Holzständerbauweise im Werk hergestellt und mit Dämmstoffen wie

Zellulose und Holzwolle befüllt. Für die schnelle Montage wurden Systemverbinder entwickelt, die eine rasche und hochpräzise Verankerung an Stahlkonsolen ermöglichten. Voraussetzung ist, dass bei der Bestandsaufnahme ein digitaler Abdruck der bestehenden Fassade abgenommen wird, der mit Hilfe einer Laserwolke die genaue Geometrie erfasst. Die Daten werden anschließend in ein CAD-Programm eingespielt, sodass am Ende CNC-gefertigte Bauteile entstanden, die bereits mit Fenstern, Leibungen und Dichtungen ausgestattet waren.

Dieses Verfahren erlaubt es, Bestandsfassaden gerüstfrei innerhalb kürzester Zeit von außen zu dämmen, ohne dass dabei die Bewohner wochenlang mit Baulärm und indiskreten Einblicken belästigt werden. Der Bauernhof in Trins bot sich aufgrund seiner Größe und seiner komplexen Geometrie als Pilotprojekt an. Man konnte somit nachweisen, dass die wissenschaftlich entwickelte Ökofassade auch in der Praxis gut funktioniert. Die 3,3 × 6 Meter großen Fertigteile mit integrierter Dämmung wurden in nur zwei Tagen montiert. Die Fenster wurden dabei bereits im Werk eingebaut und die nach Maß gefertigten Fassadenelemente passgenau eingefügt.

Haustechnik

Eine zentrale Wärmepumpe, die an drei 100 Meter tiefe Erdsonden angeschlossen ist, versorgt die Heizung und die Warmwasseraufbereitung für alle vier Wohnungen. Die benötigte Primärenergie wird geothermisch und mit Strom aus Solarenergie geliefert. Zusätzlicher Strom wird nur in den Wintermonaten aus dem Netz eingespeist. Die Beheizung der Räume erfolgt über eine Fußbodenheizung, die im Bereich des Erdgeschosses von einer Wandheizung ergänzt wird, um gelegentlich aufsteigende Feuchtigkeit der Steinmauern zu verdunsten. Die horizontale Verteilung von Strom, Wasser und Lüftung erfolgt über den Fußbodenaufbau. Die vertikale Leitungsführung ist in einem zentralen Steigkanal gebündelt, direkt an die angrenzende Küche und fünf Bäder angeschlossen. Das ermöglicht auch im Falle eines Schadens den direkten Zugang zum Installationsschacht über die Türleibungen des Erdgeschosses.

Schallgedämmte Massivholzdecken und Lehmbauwände

Im gemauerten und thermisch sanierten Altbaubereich wurden sämtliche einsturzgefährdete Balkendecken entweder durch nah aneinanderliegende Naturholzbalken oder durch Brettstapeldecken mit einer schalldämmenden Schüttung ersetzt. Darüber liegt ein schwimmender Estrich mit einer Fußbodenheizung, sodass alle modernen Anforderungen an eine Wohnungstrenndecke erfüllt werden konnten. Im Eingangsbereich wurde die Brettstapeldecke als Fortsetzung des bestehenden Gewölbes ausgeführt. Die Wände wurden im Innenbereich mit Holzständern aufgedoppelt, um 40 Millimeter dicke Fertigteilplatten aus Lehm der Firma Wegscheider zu befestigen. Die Anschlüsse an die Türrahmen erfolgten mit Aluprofilen, die eine umlaufende Schattenfuge bilden. Eine 5 – 8 Millimeter starke Lehmputzschicht wurde vor Ort aufgetragen, um die Fugen zu verdecken. Somit betrug die Austrocknungszeit nur wenige Tage.

Haus im Haus – Holzständerbau mit großzügigen Terrassen

Der Scheunenbereich, der aus einer baufälligen Holzskelettkonstruktion bestand, musste bis auf den wertvollen Kreuzverband der Südfassade völlig abgerissen werden. Das frei gewordene Volumen wurde mit einer neu errichteten „Haus-im-Haus“-Konstruktion aus vorgefertigten Holzständerbauelementen genutzt. Dabei wurde die neue Gebäudehülle zurückgesetzt: Einerseits sollte eine Durchdringung der luftdichten Fassadenelemente mit dem bestehenden Kreuzverband vermieden werden, andererseits ging es darum, die Wohnbereiche auf eine ausreichende Fläche zu beschränken. Die dadurch entstandenen Freiflächen konnten als überdachte Terrassen genutzt werden. Durch das Zurücksetzen der Fassaden entstanden geschützte Außenbereiche, die eine südwestseitige Verschattung und einen sicheren Zugang zur Reinigung der Fenster und Schiebetüren gewährleisten. Somit konnten großflächige Verglasungen ausgeführt werden, ohne dass eine Überhitzung im Sommer stattfindet. Entsprechend großzügig waren die Transparenz der Fassaden und die Tageslichtbeleuchtung für modernes Wohnen.

Vom Stützenwald zur Baumstütze

Der ursprüngliche Stützenwald konnte dank einer raffinierten Stützen- und Deckenausbildung auf eine zentrale Stütze reduziert werden. Voraussetzung war eine Vergrößerung der Raumhöhe im Wohnbereich auf 3,2 Meter. Im unteren Stockwerk übernimmt eine räumliche Baumstütze die Lasten einer Radialdecke mit Holzbalken. Die zusätzliche Raumhöhe, die dem Kellergeschoss entnommen wurde, ermöglicht eine abgestufte Wohnlandschaft. Die Äste der Verzweigungsstruktur wirken wie Druckstreben, um zusammen mit dem Zugring aus Stahl die radialen Balken zu unterstützen. Im darüber liegenden zweiten Obergeschoss reduziert sich das Zentralauflager auf eine Rundholzstütze, die eine Flachdecke aus Brettsperrholz trägt. Um das Durchstanzen zu vermeiden, wurde der Systemverbinder „Spider“ eingesetzt.

Dieses mehrfach ausgezeichnete Systemstahlteil ermöglicht es, punktgestützte Flachdecken in Brettsperrholz mit einem Stützenraster von bis zu 7 × 7 Meter zu realisieren.

Im obersten Geschoss löst sich die Zentralstütze dank eines Fachwerkträgers im Dachbereich völlig auf. Um auch hier eine Wohnraumhöhe von über 3,2 Metern zu schaffen, wurde das Dach mitsamt beidseitigen Gaupen angehoben.

Umbau in einer Woche

Die besondere Herausforderung des Scheunenumbaus bestand in der Notwendigkeit, den Abbruch der Bestandsstruktur mit dem alten Dach und den Neubau einschließlich des auf die Gaupen neugestalteten Dachs aus Witterungsschutzgründen innerhalb einer Woche durchzuführen. Das war nur während einer stabilen Wetterperiode im September und dank einer minutiös abgestimmten Montage möglich. Jedes Element wurde nach einer detaillierten Ablaufplanung nummeriert, mit einem Lkw angeliefert und ohne Zwischenlagerung montiert.

Der umgebaute und renovierte Bauernhof bewahrt auf der Ostseite sein ursprüngliches Erscheinungsbild, während er auf der Westseite durch einen Neubau mit zurückversetzten Fassaden an Tiefe und Transparenz gewinnt. Das erspart auf der einen Seite unnötig große

Wohnflächen (Prinzip der Suffizienz) sowie Heizkosten. Auf der anderen Seite entstehen überdachte Terrassenflächen mit einem geschützten Außenbereich, der häufig genutzt wird. Das Mehrgenerationenhaus wurde 2024 mit dem Rosenheimer Holzbaupreis ausgezeichnet.

Der Um- und Ausbau eines alten Bauernhofs ist eine spannende und herausfordernde Aufgabe, die ein hohes Verständnis für Baukultur und entsprechende Fachkenntnisse voraussetzt. Wenn es gelingt, eine Symbiose aus Alt- und Neubau zu schaffen, gelingt es, das Herz und das Gedächtnis des bestehenden Gebäudes zu bewahren und gleichzeitig eine zeitgemäße Wohnkultur im Sinne des Klimaschutzes zu schaffen. Es gewährt seinen Bewohnern höchsten Wohnkomfort und die Genugtuung, umweltfreundliches und leistbares Wohnen genießen zu können. In diesem speziellen Fall kommen noch das Bewusstsein und der Stolz hinzu, ein Bauwerk mit eigenen Kräften und Mitteln gemeinschaftlich errichtet zu haben. Das tröstet über alle Anstrengungen und Zweifel hinweg, die bei einer derartigen Unternehmung unvermeidlich sind.

Univ.-Prof. DDipl.-Ing. Michael Flach lehrte und forschte an nachhaltigen Holzbau- und Holz-Lehm-Bauweisen.

Nachhaltiges Sanieren in der Stadt

Nachhaltiges Um-, Aus- und Zubauen in der Stadt beginnt selten spektakulär, sondern fast unbemerkt – und genau darin liegt seine Qualität. Es braucht nicht nur Abrisse und Neubauten, um Wohnräume gesünder und lebenswerter zu machen. Viel wirksamer ist es, dort anzusetzen, wo Menschen bereits leben. Der Holz-Lehmbau gibt uns dafür ein präzises, bewährtes Werkzeug in die Hand – vom einzelnen Raum bis hin zu Dachbodenausbau oder Aufstockung.

Wir beginnen oft klein. Ein Schlafzimmer, das mit Lehmoberflächen ausgestattet wird, verändert sich spürbar. Die Luftfeuchtigkeit pendelt sich von selbst in einem gesunden Bereich ein. Die Schleimhäute trocknen weniger aus, die Atemluft fühlt sich weich an. In diesem stabilen Raumklima haben Keime und Bakterien deutlich schlechtere Bedingungen. Lehm wirkt antibakteriell und antistatisch – der Staub bleibt nicht lange in der Luft, der Raum wird ruhiger und klarer.

Holz und andere Naturmaterialien ergänzen diese Wirkung. Sie bringen Struktur, Wärme und Charakter in den Raum. In Kombination mit Lehm entstehen Bauteile, die Schall dämpfen und Schwingungen beruhigen. Gerade in der Stadt ist das entscheidend. Trittschall von oben, Straßenlärm oder feine Vibrationen aus der Umgebung werden deutlich reduziert. Viele Menschen beschreiben nach einer solchen Baumaßnahme ein neues Gefühl von

Raumakustik. Auch Arbeits- und Konzentrationsräume, Behandlungs- und Therapieräume, Krankenhaus-, Kur- und Rehabilitationsbereiche profitieren davon: die Umgebung wirkt weniger reizüberflutend, einfach geerdeter. Ermüdung nimmt ab, Fokus fällt leichter, Genesung und Erholung finden statt.

Bauliche Maßnahmen, gerade im städtischen Raum, lassen sich mit demselben Grundgedanken umsetzen. Ein Dachbodenausbau im dicht besiedelten Stadtraum in Holz-Lehm-Bauweise ist leicht, konstruktiv effizient und ideal für den urbanen Bestand. Aufstockungen profitieren vom geringen Eigengewicht und der trockenen und raschen Bauweise: kurze Bauzeiten, hohe Präzision und minimale Belastung für das bestehende Gebäude und dessen Umgebung. Der Gewinn ist mehrfach spürbar durch mehr Raum, Speichermasse, angepasste Lichtverhältnisse, bessere Energiekennwerte und vor allem ein deutlich gesünderes Raumklima.

Wohngesundes, nachhaltiges Bauen ist keine Frage von Größe, Prestige oder Budget. Es ist eine Frage der richtigen Entscheidungen. Ob ein einzelner Raum oder ein ganzes Geschoss, für nahezu jede Ausgangslage gibt es passende Lösungen. Holz und Lehm holen Natur, Schutz und energetischen Ausgleich zurück in die Stadt als täglich spürbare Verbesserung des Lebens.

Was Sanierung bringt – in Zahlen

Die Wirkung einer Sanierung mit Holz und Lehm lässt sich nicht nur spüren, sondern auch messen. Ein Beispiel aus der Praxis der Unternehmensgruppe Wegscheider zeigt, was möglich ist, wenn konsequent auf natürliche Materialien und durchdachte Energiekonzepte gesetzt wird:

Vor der Sanierung lag der Energieaufwand eines Gebäudes bei rund 18.600 kWh pro Jahr, der CO_2-Ausstoß bei über 1.500 kg, der Heizwärmebedarf bei 136 kWh/m^2 und die jährlichen Heizkosten bei rund 3.300 Euro. Nach der Sanierung sank der Energieaufwand um 79 % auf etwa 5.600 kWh, der CO_2-Ausstoß um 72 % auf rund 430 kg, der Heizwärmebedarf um 68 % auf 44 kWh/m^2 und die Heizkosten um 79 % auf knapp 700 Euro.

Diese Zahlen zeigen: Eine Sanierung mit den richtigen Materialien und einem durchdachten Energiekonzept ist nicht nur ökologisch sinnvoll, sondern rechnet sich auch wirtschaftlich. Die Einsparungen bei den Heizkosten allein amortisieren einen erheblichen Teil der Investition und das Raumklima verbessert sich vom ersten Tag an.

DAS WICHTIGSTE AUS DIESEM KAPITEL

- Sanieren geht vor Abreißen: Wenn die Bausubstanz es hergibt, lohnt sich die Arbeit am Bestand ökologisch, wirtschaftlich und kulturell.
- Lehm funktioniert auch im Bestand: Schon eine dünne Lehmputzschicht auf vorhandenem Mauerwerk verbessert Raumklima und Luftqualität spürbar.
- Aufstockungen in Holz-Lehm-Bauweise nutzen das geringe Eigengewicht und die trockene, rasche Bauweise. Das ist ideal für bestehende Gebäude.
- Graue Energie zählt: Wer Bausubstanz erhält, spart den Energieaufwand für Abriss und Entsorgung.
- Vorgefertigte ökologische Fassadenelemente ermöglichen schnelle, präzise Sanierung – der Mayerhof in Trins wurde in nur wenigen Tagen außen neu gedämmt.
- Messbare Ergebnisse: Sanierungen mit Holz und Lehm können den Heizwärmebedarf um über zwei Drittel und die CO_2-Belastung um über 70 % senken.

TEIL 3

Ausblick und Weitblick

KAPITEL 13

Norm, Markt und Materialehrlichkeit

> *„Greenwashing beginnt dort, wo die Oberfläche natürlicher ist als das System dahinter."*
>
> \- Hans

Wer entscheidet, was der Zimmerer von morgen über Holz weiß?

Die Antwort ist ebenso klar wie anspruchsvoll: In weiten Teilen bestimmt die Industrie die Lernrealität in der Ausbildung. Sie stellt Materialien bereit, finanziert Lehrmittel und prägt damit, oft subtil, aber dauerhaft, die Inhalte, mit denen angehende Handwerker und Planer arbeiten. Was in den Werkstätten liegt, wird verarbeitet und selten hinterfragt.

Für viele Schüler technischer Schulen, Lehrlinge im Zimmererhandwerk und Studierende der Architektur ist der Zugang zum Werkstoff Holz heute stark durch industriell gefertigte Produkte geprägt: Brettsperrholz, OSB, verleimte Platten. Diese Systeme sind zweifellos leistungsfähig - aber sie vermitteln nur einen Ausschnitt dessen, was Holz tatsächlich ist. Die unmittelbare Erfahrung mit gewachsenem, unverleimtem Holz mit seinen Fasern, Spannungen, Eigenheiten und Möglichkeiten tritt zunehmend in den Hintergrund.

Die Folge ist ein schleichender Kompetenzverlust im ursprünglichen Sinne des Handwerks. Wer ausschließlich mit vorgefertigten Systemen arbeitet, entwickelt kaum mehr ein Gespür dafür, wie sich Holz ohne industrielle Zwischenschichten verhält – wie Verbindungen funktionieren, wie Konstruktionen logisch aufgebaut werden können, wie Materialgerechtigkeit entsteht. Das „Warum" hinter der Lösung wird durch ein „Wie wird es verbaut?" ersetzt. Hans hat diese Entwicklung über Jahrzehnte beobachtet, im direkten Austausch mit jungen Handwerkern, auf Baustellen, in Gesprächen mit Absolventen. Sein Befund ist eindeutig: Wer nicht aktiv über den Tellerrand hinausblickt, lernt heute oft ein reduziertes Bild des Holzbaus. Leimfreies Vollholz, traditionelle Verbindungstechniken oder die Kombination mit Lehm erscheinen vielfach als Randthema, obwohl sie das Fundament des Bauens mit Holz bilden.

Dass Unternehmen ihre Produkte in die Ausbildung bringen, ist aus wirtschaftlicher Sicht nachvollziehbar. Problematisch wird es dort, wo sich diese Einflussnahme nicht mehr mit einer ausgewogenen, materialgerechten Ausbildung deckt. Dann verschiebt sich der Fokus weg vom Verständnis hin zur Anwendung standardisierter Systeme. Zwischen Marktinteresse und handwerklicher Vernunft entsteht ein Spannungsfeld, das nicht ignoriert werden darf.

Gleichzeitig ist eine Gegenbewegung spürbar. Das Interesse an ursprünglichen Materialien, an unverfälschtem Holz, an einfachen, reparierbaren und langlebigen Konstruktionen wächst wieder – sowohl im Handwerk als auch in der Planung. Diese Entwicklung zeigt: Die Frage ist nicht, ob industrielle Holzwerkstoffe ihre Berechtigung haben. Sondern ob die nächste Generation noch lernt, unabhängig davon zu denken und zu bauen.

Baukultur versus Bauindustrie

Es gab eine Zeit, da stand in jedem Tiroler Dorf ein Sägewerk. Kleine Betriebe, die Bretter geschnitten haben, aus regionalem Holz. Der Zimmerer hat dort das Material geholt, das er brauchte, und daraus Dächer, Ständerwerke und Wände gebaut. Das ist Handwerk im ursprünglichen Sinn.

Diese Sägewerke sind fast alle verschwunden. Was an ihre Stelle getreten ist, sind Industriebetriebe in einer ganz anderen Größenordnung. Betriebe, die nicht Bretter schneiden, sondern Holz „veredeln“, es pressen, verleimen, zu Platten verarbeiten und zu Systemen bündeln. Jeder Schritt, der Holz weiterverarbeitet, schafft mehr Wertschöpfung. Das ist die Logik der Industrie, und sie ist ökonomisch vollkommen nachvollziehbar. Nur macht sie aus einem Rohstoff, der von Natur aus selbst reguliert und Fehler verzeiht, ein Produkt, das diese Eigenschaft nicht mehr besitzt.

Der Unterschied zeigt sich nicht nur bei Feuchtigkeit, sondern auch bei seitlichen Kräften, bei Erdbeben zum Beispiel. Hans hat in den letzten Jahren mehrere Holz-Lehmbau-Projekte in erdbebengefährdeten Regionen Norditaliens begleitet. In diesen Gegenden müssen Gebäude erdbebensicher gebaut werden, mit aufwendigen Stahlverankerungen und genauen statischen Nachweisen.

Bei der Planung mit dem Spezialstatiker dort kam etwas Bemerkenswertes zum Vorschein. Eine Wand aus Brettsperrholz ist starr: eine zusammenhängende, fix verleimte Platte. Wenn auf so eine Wand seitliche Kräfte einwirken, kann sie sich nicht verformen. Die gesamte Last muss über die Verankerung in den Boden abgeleitet werden. Das bedeutet viele Ankerpunkte, dimensionierte Stahllaschen und hohe statische Anforderungen. Und wenn die Verankerung ihre Belastungsgrenze erreicht, versagt sie ohne Vorwarnung.

Eine Wand in der Bauweise von Hans funktioniert anders. Durch eine diagonale Bretterschalung als Aussteifung der Holz-Lehm-Wände, die unter Belastung leicht nachgibt, wirkt die Wand in sich wie ein kleiner Puffer. Die Wand absorbiert Erdbebenenergie in sich selbst, bevor sie an die Verankerung weitergegeben wird, wie das Prinzip einer Knautschzone im Auto, übertragen auf den Wandaufbau.

„Da kann die Wand einmal schief stehen – und ich stehe immer noch sicher im Raum.“

- Hans

Die statische Konsequenz: Es braucht weniger Ankerpunkte, weniger Stahl, und im Versagensfall gibt es eine Vorwarnung. Diese traditionelle Bauweise mit einer einfachen Diagonalschalung ist nicht nur ein nostalgisches Auslaufmodell.

Baukultur meint etwas anderes als das, was Bauindustrie herstellt. Baukultur ist das überlieferte Wissen darüber, wie man mit dem baut, was eine Region hergibt. Die Holz-Lehm-Bauweise, die Hans Wegscheider und Nadja Holzer seit Jahrzehnten praktizieren, ist in diesem Sinn keine Innovation, sie ist eine konsequente Rückbesinnung auf das, was funktioniert: So weit wie möglich leimfreies Holz als Tragstruktur, Lehm als Masse, die Raumklima reguliert, Kalk als Bindemittel für diffusionsoffene Oberflächen, die Feuchtigkeit durchlassen. Das sind Bauteile, die reparierbar, trennbar und kreislauffähig sind.

Wirtschaft anders denken

Wer im Bauwesen über Kosten spricht, meint fast immer die Herstellungskosten, also den Preis zum Zeitpunkt der Fertigstellung. Darauf ist die Branche ausgerichtet.

Industrielle Systeme lassen sich in diesem Rahmen einfacher und günstiger darstellen als ein Holz-Lehm-Haus mit durchdachtem Klimakonzept, zumindest auf dem Papier.

Was dabei ausgeblendet wird, ist eine höhere Schadensanfälligkeit über Jahrzehnte. Für den Bauherrn sind genau diese Faktoren entscheidend. Rechnet man sie mit, relativiert sich der scheinbare Kostenvorteil konventioneller Bauweisen oft deutlich.

Der Mehrpreis eines Holz-Lehm-Einfamilienhauses liegt im Bereich von 8 – 10 %. Über die Nutzungsdauer kann sich dieser Unterschied umkehren – durch geringeren Wartungsaufwand, robustere Materialien und ein einfacheres, reparaturfähiges System. Dazu kommt ein wesentlicher Punkt, der in keiner Baukostenrechnung steht: In solchen Häusern wohnen Generationen gesund und schadstoffarm.

Hinzu kommt ein strukturelles Problem im Markt: Vergleichsangebote basieren oft auf unterschiedlichen Grundlagen. Unternehmen ohne Erfahrung im Holz-Lehmbau kalkulieren entweder zu hoch oder unterschätzen den Aufwand. Beides führt zu verzerrten Ergebnissen.

Ein Gegenmodell ist Kooperation statt kurzfristiger Preisoptimierung. In der Krise im Jahr 2020 etwa stiegen

Holzpreise massiv um über 60 % pro Kubikmeter. Verlässliche Partner hielten dennoch vereinbarte Preise – weil die Beziehung mehr wert war als der Marktmoment.

Kooperation und Lebenszyklus entscheiden, was sich am Markt überhaupt durchsetzen lässt. Davor liegt eine andere Schwelle: das Regelwerk, das festlegt, welche Bauweise als bewährt gilt und welche im Bauwesen schlicht nicht auftaucht. Hier setzt Hans seit Jahren an.

> *„Wenn ich auf die letzten Jahrzehnte zurückblicke, wird eines klar: Im Bauwesen entscheidet am Ende nicht die Qualität eines Materials, ob es eingesetzt wird – sondern die Norm. Normen sind das Betriebssystem unserer Branche. Was dort nicht definiert ist, findet in der Praxis kaum statt. Deshalb ist die Arbeit im Normungsausschuss kein Nebenthema, sondern ein zentraler Hebel, wenn man den Lehmbau voranbringen will.*
>
> *Ich komme aus der Praxis. Über viele Jahre habe ich mit Holz und Lehm gebaut und gesehen, was dieses Material leisten kann. Aber ich habe auch erlebt, wie oft Lehm im System „nicht vorkommt". Nicht, weil er nicht funktioniert, sondern weil er in den Regelwerken nicht ausreichend verankert ist. Diese Erfahrung bringe ich in die Normung ein als Stimme eines Baustoffs, der lange unterschätzt wurde."*
>
> – Hans

Mst. Rainer Höck

Gastbeitrag

Wer im Normungsausschuss sitzt, lernt schnell, wie Normen entstehen. Man setzt sich an einen Tisch, man diskutiert Anforderungen. Und man merkt, wessen Anforderungen sich am Ende durchsetzen könnten und dass Normen oft nicht neutral sind. Sie bilden einen Konsens ab, und dieser Konsens entsteht nicht im luftleeren Raum. Er entsteht zwischen denen, die am Tisch sitzen, und denen, die Zeit und Ressourcen haben, regelmäßig dabei zu sein.

Wir haben uns entschieden, diese Arbeit trotzdem zu tun. Hans und ich sitzen beide im Normungsausschuss des Austrian Standards Institute in Wien. Rainer Höck, der Malermeister und Bundesinnungsbeauftragte des österreichischen Malerhandwerks, und Hans Wegscheider, der Zimmerermeister aus Pill. Wir machen es, weil die Alternative darin bestünde, das Feld denen zu überlassen, die keine Interessen daran haben, dass leimfreies Holz und unvergällte Lehmputze in den Normen gut wegkommen.

2022 haben Hans und ich an einem Symposium teilgenommen. Es wurde vom Verein netzWERK.handWERK veranstaltet: „Holz – Kalk – Lehm: Untrennbare Partner", mit Erwin Thoma als Referenten. Das war kein Fachevent für Insider. Es war der Versuch, ein Gespräch zu beginnen, das in der Branche zu selten stattfindet. Über Materialehrlichkeit, über die Frage, was in einem Haus wirklich zusammengehört, und warum das Handwerk diese Frage nicht der Industrie überlassen darf.

Was mir dabei am meisten am Herzen liegt, ist die Ausbildung. Ich unterrichte an der Meisterschule, seit über 20 Jahren als Referent beim WIFI Tirol und habe an den Curricula für das österreichische Malerhandwerk mitgearbeitet. Der Bereich Bauökologie und der Erhalt tradierter Techniken sind in Tirol fester Bestandteil der Ausbildung. Das ist auch kein Selbstläufer. Es braucht Menschen, die das einfordern und immer wieder einbringen.

Dazu kommt etwas, auf das ich besonders stolz bin: Als Initiator und in der Leitungsfunktion war ich daran maßgeblich beteiligt, dass „Traditionelle Malertechniken mit historischen Materialien" den UNESCO-Status als immaterielles Kulturerbe in Österreich erhalten haben.

Es stärkt die Position dieser Techniken, wenn es darum geht, dieses Wissen zu verankern und diese hohen Errungenschaften gegenüber industriellen Alternativen wieder verstärkt zu legitimieren.

Was jetzt fehlt, ist ein breiteres Fundament. Über die Wirtschaftskammer läuft derzeit ein Projekt, das Holz, Kalk und Lehm als zusammengehörige Werkstoffe positionieren soll, über den Tischler, den Zimmerer und den

Maler hinaus. Weil das die Wirklichkeit auf der Baustelle ist: Diese Gewerke greifen ineinander. Wenn der Elektriker nicht weiß, dass er in einem Lehmbau arbeitet, wenn der Maler nicht weiß, dass auf Lehmputz keine Dispersionsfarbe gehört, dann kann der ganze Aufbau davor richtig gewesen sein und am Ende trotzdem nicht funktionieren.

Die letzte Schicht entscheidet. Das sage ich seit mehr als vierzig Jahren, und ich meine es wörtlich und im übertragenen Sinn.

Mst. Rainer Höck ist Malermeister, Obmann des Vereins netzWERK.handWERK Tirol, Mitglied des Normungsausschusses des Austrian Standards Institute und Bundesinnungsausschussmitglied.

Notwendige Reformen – Was sich ändern muss

Die notwendigen Veränderungen sind konkret und umsetzbar. Es geht nicht um Utopien, sondern darum, bestehende Strukturen konsequent weiterzudenken, damit ehrliche Bauweisen nicht länger systematisch benachteiligt werden.

Der erste Hebel ist die Ausbildung. Was an Hochschulen und Fachschulen gelehrt wird, prägt das Verständnis von Material und Konstruktion. Heute stammen diese Inhalte oft indirekt von der Industrie, weil sie Materialien und Systeme bereitstellt. Das führt dazu, dass industrielle Lösungen zur Norm werden, während alternative Bauweisen kaum vorkommen. Eine unabhängige Ausbildung braucht öffentliche Mittel oder engagierte Betriebe, die diese Vielfalt ermöglichen.

Genauso entscheidend ist die Weiterbildung. Bauen ist ein Zusammenspiel vieler Gewerke. In komplexen Systemen wie dem Holz-Lehmbau muss jeder Beteiligte verstehen, wie sein Beitrag das Ganze beeinflusst. Dafür braucht es gewerkübergreifende Schulungen und Zertifizierungen, die tatsächliche Kompetenz nachweisen - nicht nur Teilnahme.

Der dritte Hebel sind die Normen selbst. Sie entscheiden, was gebaut wird und was nicht. Wer darin nicht vertreten ist, wird faktisch ausgeschlossen. Gleichzeitig begünstigen viele Regelwerke technische Systeme, selbst dort, wo einfache, natürliche Lösungen ausreichen würden. Einzelne Betriebe können diese Hürden kaum überwinden - als organisierte Branche hingegen ist Einfluss möglich.

Genau hier setzen Praktiker wie Hans und Rainer an: Sie arbeiten in Normungsgremien, um das System von innen zu verändern. Das ist mühsam, aber wirksam. Öffentliche Diskussionen, Schadensfälle und steigendes Bewusstsein beschleunigen diesen Prozess zusätzlich. Dieses Buch versteht sich als Teil dieser Aufklärung.

DAS WICHTIGSTE AUS DIESEM KAPITEL

- Die Bauindustrie hat in den letzten Jahrzehnten die Ausbildung mitgeprägt mit direkten Folgen für das, was Handwerker und Planer heute über Holz wissen.
- Herstellungskosten sind keine Baukosten. Wer Lebenszyklus, Wartung und Schadensresistenz einrechnet, kommt zu anderen Ergebnissen.
- Kooperation auf Augenhöhe zwischen Gewerken, Lieferanten und Verarbeitern ist das wirtschaftliche Gegenmodell zur Industrielogik: mehr Materialoffenheit, stärkere Anpassung an Objekt und Kontext, mehr handwerkliche Verarbeitung vor Ort.
- Normen sind oft nicht neutral. Wer nicht an ihrer Entstehung mitwirkt, findet sich in ihnen auf der falschen Seite wieder.
- Weiterbildung muss gewerkübergreifend werden: Ein Holz-Lehm-Haus funktioniert nur, wenn alle Beteiligten das System kennen, in dem sie arbeiten.
- Zertifikate, die etwas bedeuten, und unabhängige Lehrpläne sind keine idealistischen Forderungen, sondern die Voraussetzung für einen fairen Markt.

KAPITEL 14

Bauen für übermorgen

„Ein Haus, das nicht selbst reguliert, ist abhängig. Und Abhängigkeit war noch nie nachhaltig."

- Nadja

Naturmaterialien verändern die Welt. Einen Raum nach dem anderen.

Hans

Ich werde manchmal gefragt, was ich mir für die nächsten zehn Jahre wünsche. Ganz ehrlich: Ich bin zuversichtlich. Was ich in den letzten dreißig Jahren aufgebaut habe, war oft mühsam. Die ersten Projekte, die ersten Gespräche mit Bauherren, die noch nie etwas von Lehm gehört hatten, die Abende in Normungsausschüssen, wo man geduldig darlegen muss, was ein Material kann. Aber ich sehe, wie sich das verändert. Die Anfragen werden mehr.

Die Fragen werden klüger. Leute kommen zu uns, die schon wissen, was leimfreies Holz bedeutet und warum ihnen das Raumklima wichtiger ist als die Heizungsanlage.

Das freut mich mehr als alles andere. Denn es heißt: Das Wissen kommt in der Mitte der Gesellschaft an. Irgendwo hat jemand in einem gut gebauten Holz-Lehm-Haus übernachtet, hat geschlafen wie seit Jahren nicht, hat am Morgen bemerkt, dass sich etwas anders anfühlt – und hat angefangen, Fragen zu stellen. Das ist der Anfang von allem.

Was ich mir für die Zukunft wünsche, ist nicht kompliziert: dass Holz und Lehm in zwanzig Jahren so selbstverständlich sind wie heute Dreifachverglasung. Dass ein Bauherr nicht mehr erklären muss, warum er kein verleimtes Holz will, sondern dass sein Planer von Anfang an weiß, wie er denkt. Daran arbeite ich. In den Normungsausschüssen, auf Baustellen, in Gesprächen mit Handwerkern, die neu dazukommen. Es geht voran. Es geht weiter.

Nadja

Was mich heute aus dem Bett bringt, ist dieselbe Überzeugung wie damals, als Hans und ich begonnen haben, gemeinsam zu arbeiten: Gute Räume sind keine Frage des Budgets, sondern der Qualität der Entscheidungen. In meiner täglichen Arbeit mit sehr unterschiedlichen Bauherren – mit klaren Visionen oder noch tastenden Vorstellungen, mit großen wie mit begrenzten Mitteln – zeigt sich immer wieder: Wer Materialien bewusst wählt, wer versteht, was er baut, und wer ein Gebäude von Beginn an als zusammenhängendes System denkt, schafft

Häuser, die dauerhaft gesund, funktional und stimmig sind. Diese Haltung ist in all den Projekten spürbar, die wir in den letzten Jahren begleiten durften. Was mich antreibt, ist zugleich die Gewissheit, dass die Voraussetzungen für diese Bauweise hier im Alpenraum längst vorhanden sind. Die Materialien liegen vor unserer Haustür, das handwerkliche Wissen ist tief verankert, und die Nachfrage entwickelt sich spürbar weiter. In meinen Beratungsgesprächen erlebe ich einen klaren Wandel: Bauherren fragen heute differenzierter. Sie interessieren sich für die tatsächliche Materialität ihrer Gebäude, für Raumklima, für Langlebigkeit - und für die Frage, ob ein Haus auch in Jahrzehnten noch Bestand hat, technisch wie atmosphärisch. Ein Gebäude aus Holz und Lehm folgt genau dieser Logik. Es ist kein kurzlebiges Produkt, sondern ein anpassungsfähiges System. Es lässt sich instand halten, weiterentwickeln und mit einfachen, verfügbaren Mitteln reparieren - auch nach Jahrzehnten. Das ist keine idealistische Vorstellung, sondern eine baupraktisch belegbare Qualität dieser Bauweise. Was mich mit Blick auf die Zukunft besonders überzeugt, ist die wachsende Zahl an Fachleuten, die diesen Ansatz weitertragen. Junge Architekten, Handwerker, Planer, Designer und Produzenten, die Gebäude nicht mehr isoliert betrachten, sondern als Teil eines Kreislaufs verstehen - von der Ressource über die Nutzung bis zur Wiederverwertung. Mit jeder dieser Haltungen wird es selbstverständlicher, differenziert, verantwortungsvoll und zugleich wirtschaftlich sinnvoll zu bauen, auszustatten und einzurichten.

Gemeinsam

Was uns trägt, ist nicht nur eine Haltung, sondern belastbare Erfahrung. Wir sprechen über Konzepte, damit wir zusammen mit dem ganzen Team zum gewünschten Ziel kommen. Wir sprechen über gebaute Realität. Räume und Häuser, die seit Jahrzehnten funktionieren. Räume, in denen Menschen dauerhaft gut leben, in denen sich das Raumklima spürbar positiv auf Gesundheit und Wohlbefinden auswirkt. Projekte, die mit den Lebensphasen ihrer Bewohner mitwachsen, sich anpassen lassen, ohne ihre Qualität zu verlieren. Diese gelebte Praxis ist das Fundament, von dem aus wir in die Zukunft denken.

An jene, die heute planen oder bauen: Der ideale Zeitpunkt dafür war selten so günstig wie jetzt. Wissen über natürliche Materialien ist verfügbar, zugänglich und fundiert. Es gibt ein Netzwerk an Fachleuten, die diese Bauweise beherrschen, und es gibt ausreichend gebaute Beispiele, die zeigen, wie sich Qualität anfühlt im realen Raum. Es lohnt sich, diese Orte zu erleben. Das eigene Empfinden ist dabei ein verlässlicher Maßstab. Bauherren suchen keine Kompromisse. Sie möchten verstehen, womit sie bauen, und erwarten nachvollziehbare, ehrliche Lösungen. Wer diese Kompetenz anbieten kann, wird nicht nur gefragt sein, sondern eine zentrale Rolle in der Weiterentwicklung unserer Baukultur einnehmen und am Ende des Tages sagen, Ehrliches und Vertretbares angeboten und verarbeitet zu haben.

HANS: 6 TIPPS, DIE DU BEIM NEUBAU BEACHTEN SOLLTEST

1. Voraussetzungen klären: Definiere vor dem ersten Gespräch mit einem Berater und Planer und ausführenden Betrieb, was du wirklich brauchst.
2. Wünsche konkret formulieren und sich von fachkundigen Beratern unterstützen lassen.
3. Materialien und Bauweise verstehen: Verschaffe dir einen Überblick über die wesentlichen Unterschiede. Nicht jedes Holzhaus ist gleich.
4. Budget ehrlich kalkulieren: Du bekommst, was du bezahlst. Aber du bezahlst nicht nur einmal: Wartung, Energie und eventuelle Nachbesserungen laufen über Jahrzehnte.
5. Das richtige Team wählen: Firmen, die ein System kennen und darin Erfahrung haben, sind wichtiger als der günstigste Anbieter. Frag nach Referenzprojekten und frag, ob du bestehende Baustellen besuchen kannst.
6. Auf natürliche Lüftung setzen, wo es geht: Ein gut geplantes Gebäude braucht weniger mechanische Systeme, als die Norm heute vorschreibt.

NADJA: SECHS FRAGEN, DIE DU DIR VOR DEM NEUBAU STELLEN SOLLTEST

1. Erkennen wir, dass eine durchdachte Grundrissplanung oft mehr Lebensqualität schafft als große Flächen und komplizierte Technik?
2. Ist uns bewusst, dass echte Materialien wie Holz, Lehm, Hanf, Stroh aktiv zur Wohn- und Arbeitsqualität und zur Gesundheit beitragen?
3. Möchten wir auf industrielle Standards vertrauen oder auf regionale Ressourcen, Handwerk und Wissen, das seit Generationen im Alpenraum, in Österreich und in Europa gewachsen ist?
4. Wie möchten wir über unser Haus in 20 oder 40 Jahren sprechen? Als kurzfristige Erscheinung eines Modetrends oder als verantwortungsvolle, authentische Entscheidung für Generationen?
5. Was schon steht, trägt bereits Energie in sich – durch Herstellung, Transport und Errichtung. Haben wir wirklich alles geprüft, bevor wir abreißen?
6. Sind wir bereit, Verantwortung für unsere Region zu übernehmen, indem wir mit unserem Bauprojekt ein klares Statement für Qualität setzen?

KAPITEL 15

Wohin geht die Reise?

„Holz trägt das Haus. Lehm rettet das Raumklima."

\- Hans

Dieses Buch vermittelt die grundlegenden Zusammenhänge der Baubranche und des Holz-Lehmbaus und macht nachvollziehbar, warum wir so bauen, wie wir bauen. Ein Folgeband wird darauf aufbauen und zeigen, wie sich das technisch präzise in den verschiedensten Projektarten und Größen und im Detail umsetzen lässt.

Fachbuch über Projekte aus vollem Holzbau und dem Holz-Lehmbau

Der praktische Leitfaden richtet sich an alle, die Holz-Lehmbau konkret umsetzen wollen: Bauherren, Planer und Sanierer. Er liefert praxisnahe Werkzeuge, Checklisten und Materialentscheidungen - von Lehmarten über Sanierungsdetails bis hin zu Fragen der Ausführung und Bewertung von Handwerksqualität - und erweitert den Blick auch auf oft vernachlässigte Themen wie Lichtsysteme und Raumgesundheit.

Wenn du nach unserem Buch „Holz-Lehmbau Rebellen“ noch mehr wissen möchtest, findest du im weiterführenden Band ausführlichere Praxisbeispiele und konkrete Hinweise zur Umsetzung.

Weiterbauen

Was die beiden Bücher verbindet, ist die konsequente Verfolgung von uns allen, diesen speziellen Weg zu gehen. Ohne Kompromisse sein Bestes für unsere Grundwerte zu produzieren!

Wir freuen uns auf alles, was noch kommt.

DAS WICHTIGSTE AUS DIESEM KAPITEL

- Dieses Buch ist ein Einstiegsbuch in die Thematik
- Band 2 wird als Fachbuch mit technischen Details, Konstruktionsvorschlägen und Skizzen für Profis und angehende Fachleute konzipiert sein. Es wird auch Praxisleitfäden mit Checklisten, Materialempfehlungen und konkreten Werkzeugen – für Bauherren, Planer und Sanierer – vom kleinen Umbau bis zu denkmalgeschützten Baumaßnahmen enthalten.

Nachwort

Klarheit schafft Qualität – vom ersten Gedanken bis zur Umsetzung

Dieses Buch ist für uns etwas ganz Besonderes. Ehrlich gesagt: Wir wollten es schon seit vielen Jahren schreiben. Immer wieder haben Hans und ich darüber gesprochen, zwischen Baustelle, Besprechung und Entwurf. Ideen waren da, Notizen auch, ganze Gedankengänge haben sich angesammelt. Aber der Alltag hat uns oft einfach wieder eingeholt.

Und vielleicht war das auch gut so.

Denn in dieser Zeit ist unglaublich viel gewachsen. Gespräche mit Bauherren, Erfahrungen auf der Baustelle, kleine und große Erkenntnisse, Skizzen auf Papier, Lösungen, die sich erst im Tun gezeigt haben. All das hat sich über die Jahre angesammelt – nicht geplant, sondern ganz organisch. Und irgendwann war der Punkt da, an dem wir gespürt haben: Jetzt ist es so weit.

Dieses Buch ist genau daraus entstanden. Als Einstieg in den Holz-Lehmbau, ja – aber auch als Einblick in unsere Art zu denken, zu arbeiten und zu bauen. Und wir sind wirklich glücklich, dass es dieses Buch jetzt gibt.

Was uns dabei besonders wichtig ist: Danke zu sagen. Denn für uns ist es ein Geschenk, beinahe ein kleines Wunder, mit so vielen Menschen in Berührung kommen zu dürfen, die dieselbe tiefe Sehnsucht nach ehrlichem, natürlichem und gesundem Bauen in sich tragen.

Ein großes Dankeschön richten wir an alle Bauherren, die uns ihr Vertrauen schenken. Die den Mut haben, diesen Weg zu gehen, sich auf unsere Ideen einzulassen und gemeinsam mit uns Räume und Strukturen zu schaffen, die weit über das rein öffentlich propagierte hinausgehen. Ohne euch wäre vieles von dem, was wir hier erzählen, nie entstanden und vieles, was gerade entsteht, gäbe es ohne euch ebenso wenig.

Auf unserem Weg durften wir Wegbegleiter finden, die ihr Wissen großzügig mit uns geteilt haben, die uns inspiriert, herausgefordert und bestärkt haben, unseren eigenen Weg weiterzugehen - auch dann, wenn er nicht immer der einfachste war. Ein besonderer Dank gilt unseren privaten Wegbegleitern, die unsere Philosophie immer unterstützt haben, die nicht nur verstehen, sondern sie in ihren eigenen Wirkungsbereichen weitertragen. Menschen, die mit uns gemeinsam daran arbeiten, eine Baukultur zu gestalten, die im Einklang mit der Natur und den individuellen Bedürfnissen der Menschen steht.

Unser Dank gilt ebenso allen Mitarbeiterinnen und Mitarbeitern und Projektpartnern, die an unseren Projekten beteiligt waren. Ohne euch wäre nichts von dem möglich gewesen. Jedes einzelne Projekt ist das Ergebnis von Zusammenarbeit, Vertrauen und gemeinsamer Leidenschaft.

Der größte Dank jedoch gilt Anita und Wolfgang.

Ihr habt immer an uns geglaubt. Ihr wart da, wenn es schwierig wurde. Ihr habt uns getragen, unterstützt, aufgefangen und seid eingesprungen, wenn es sprichwörtlich „fünf vor zwölf" war. Mit eurer Kraft, eurer Geduld und eurer Liebe habt ihr wesentlich dazu beigetragen, dass wir diesen Weg gehen konnten. Wir lieben euch.

Gerade heute, wo Bauen oft kompliziert geworden ist, teuer und manchmal auch beliebig, versuchen wir, einen anderen Weg zu gehen. Für uns geht es darum, wieder Klarheit hineinzubringen.

Wir mögen keine Überladung. Wir mögen echte Materialien und gesunde Räume. Dinge, die bleiben dürfen. Nachhaltigkeit ist für uns die Basis. Regionale Materialien, lokale Handwerksbetriebe, gewachsene Zusammenarbeit. Das ist für uns gelebte Praxis.

Und wir können ehrlich sagen, dass wir uns auf alles freuen, was noch kommt. Es wird nicht langweilig, kein Projekt ist gleich. Und genau das lieben wir. Mit Menschen gemeinsam etwas zu entwickeln, es wachsen zu sehen, umzusetzen und dabei etwas zu schaffen, das über den Moment hinaus Bestand hat.

Wir freuen uns, wenn sich unsere Wege kreuzen. Wir laden dich ein auf ein Gespräch! Lass uns deine Vorstellungen gemeinsam verwirklichen.

Servus und auf bald,

Nadja & Hans

Dipl. Ing. Nadja Holzer, BSc. – Nachhaltigkeitsexpertin Architektur

WEBSEITE	www.innsbruck-immobilie.at
E-MAIL	office@innsbruck-immobilie.at
INSTAGRAM	@innsbruckimmobilie.nadjaholzer
TELEFON	+43 664 1352049
ADRESSE	AT - 6020 Innsbruck / 6410 Telfs

Mst. Hans Wegscheider – Holzbaumeister

WEGSCHEIDER Holz-Lehmbau GmbH

WEBSEITE	www.holzbau-wegscheider.at www.qualitaetslehmaustria.at www.holzlehmmassivhaus.at www.lehmbaupionier.at
E-MAIL	hans.wegscheider@holzbau-wegscheider.at
TELEFON	+43 5242 62220
ADRESSE	Innstraße 2 AT - 6136 Pill bei Schwaz

Univ.-Prof. DDipl.-Ing. Michael Flach

E-MAIL	michael.flach08@gmail.com
TELEFON	+43 660 6948654
ADRESSE	Mayerhof Trins 57 AT - 6152 Trins

Mst. Rainer Höck – Malermeister

WEBSEITE	www.maler-hoeck.at
E-MAIL	info@maler-hoeck.at
TELEFON	+43 664 1136551
ADRESSE	Talhäuslweg 19 AT - 6361 Hopfgarten i. Brixental

Stephan Weidlich – Tischlermeister

Schreinerei Weidlich GmbH

WEBSEITE	www.weidlich-schreinerei.de
E-MAIL	info@weidlich-schreinerei.de
TELEFON	+49 80 31 / 58 335
ADRESSE	Breitensteinstr. 3 DE - 83109 Großkarolinenfeld

Ing. Dr. Erwin Thoma

Thoma Holz GmbH

WEBSEITE	www.thoma.at
E-MAIL	info@thoma.at
INSTAGRAM	@thoma_holz100
TELEFON	+43 6415 / 8910
ADRESSE	Hasling 35 AT - 5622 Goldegg

Made in the USA
Monee, IL
06 November 2026

67981959R00114